Einführung in die thomistische Metaphysik II

Definition der Metaphysik, und die Ersten Prinzipien

Erstausgabe Juli 2023
Copyright © 2023 Miguel Alberto Grosso
ISBN 9798851147463
grossomiguel2005@yahoo.com.ar
Unabhängige Veröffentlichung

Originaltitel: *Introducción a la Metafísica Tomista II*
Definición de Metafísica y los Primeros Principios
Autor: Miguel Grosso (2019)

INHALTSVERZEICHNIS

Einführung in die thomistische Metaphysik II

Definition der Metaphysik, und die Ersten Prinzipien

Miguel Grosso

VORWORT

Im ersten Buch dieser Serie haben wir uns mit der Metaphysik von Sankt Thomas von Aquin vertraut gemacht und einen kurzen Überblick über seine Hauptkonzepte gegeben. Dadurch erhielt der Leser einen allgemeinen Einblick in das metaphysische Denken des Engelsdoktors und war mit den erworbenen Kenntnissen besser gerüstet, um sich mit seinem reichen Erbe auseinanderzusetzen.

Es ist an der Zeit, uns in die ontologischen Tiefen des aristotelisch-thomistischen gemäßigten Realismus einzutauchen. Wir werden dies schrittweise tun und uns um eine klare Methodik und eine zugängliche Sprache bemühen.

In diesem zweiten Buch der Serie werde ich versuchen, die thomistische Vorstellung der Metaphysik und der ersten Prinzipien von Vernunft und Wirklichkeit zu vertiefen. In späteren Abschnitten werde ich dann jeden der Kapitel des ersten Buches der Serie ausführlich erläutern: das Sein, die Wesenheit, die Lehre der Analogie, die Kategorien, die Transzendentalien, usw.

Ich gebe viele Zitate an, da sie mir unerlässlich erscheinen, um die Ideen im Verstand zu verankern und manchmal um zu zeigen, dass unterschiedliche Auffassungen zwischen den Autoren das Verständnis bereichern, ohne es zu verwirren. Ich greife immer auf Quellen und echte Thomisten zurück.

Das Ziel besteht darin, unser Denken vor Irrtümern zu schützen. Wir leben in einer Zeit, die das Prinzip des Widerspruchs abgeschafft hat und an der Fähigkeit zu wissen zweifelt. Dadurch reflektiert man ohne Grundlagen. Man verwickelt sich in Ideen, die sich selbst wahrnehmen und sich gegenseitig verstärken. Es ist eine Zeit des wilden Immanentismus, in der es unmöglich ist, den Kopf aus dem Wasser zu ziehen, um reine Luft zu atmen. Es scheint, als ob die Philosophie in den Händen von verrückten Narzissten liegt, die mehr um ihre eigene Darstellung und die Medien

1

besorgt sind als um die Wahrheit. Tatsächlich führt die Suche nach der Wahrheit nicht das Denken. Es geht darum, authentisch zu sein. Es geht nicht darum, wahr zu sein. Was es bedeutet, authentisch zu sein, bleibt jedem selbst überlassen.

Subjektivismus herrscht vor. Der Mensch hat sich selbst ins Zentrum gestellt und alles dreht sich um ihn. Er nimmt die Realität nicht wahr. Er schafft sie. Wie Gott erschaffen hat, schafft der Mensch jetzt. Er hat Gott aus dem Zentrum vertrieben und an den Rand geworfen. Er hat ihn vergessen. Indem er das getan hat, hat er das Sein versenkt. Heutzutage wird nicht über das Sein reflektiert, sondern über den Menschen und seine "Problematik" Als ob der Mensch und seine "Problematik" die gesamte Realität ausmachen würden.

Heutzutage ist der Mensch Gott. Und er denkt und handelt entsprechend.

Der Thomismus ist kontrakulturell. Auf den vorherrschenden Subjektivismus antwortet er mit seiner ontologischen und logischen Objektivität. Auf den Anthropozentrismus antwortet er mit dem Sein, das uns zum Höchsten Sein erhebt. Auf den Zufall antwortet er mit dem Kausalitätsprinzip. Auf die Unmöglichkeit des Wissens antwortet er mit der Verständlichkeit der Realität. Auf die Hoffnungslosigkeit und den Nihilismus antwortet er mit der Sicherheit, dass es möglich ist, die Wahrheit zu erkennen.

Das Verständnis des Thomismus bedeutet, die Möglichkeit zu erkennen, dieser dekadenten Zivilisation mit einem Denken entgegenzutreten, das sie übertrifft. Keine postmoderne soziale Ingenieurskunst kann gegen die natürliche Ordnung angehen. Denn nichts kann dem widerstehen, was ist.

1. PHILOSOPHIE DES SEINS

Die Philosophie des Sankt Thomas verdient es, und wurde tatsächlich so genannt, als Philosophie des Seins.

Das Sein stellt ständig eine Herausforderung für unser Verständnis dar, entfacht unsere Sprache, fordert uns auf, es zu definieren und zu begrenzen. Gibt es eine universalere Vorstellung als das Sein?

Es ist wahr, dass die Griechen begannen, dieses Gewirr zu entwirren. Der brillanteste von ihnen, Aristoteles, hinterließ die wichtigsten Konzepte, aus denen der der Engelhafte Doktor seine Synthese entwickeln würde.

Sank Thomas folgte den Spuren des Stagiriten, aber er übertraf ihn.

Bei Sankt Thomas gibt es auch eine Assimilation anderer philosophischer und theologischer Materialien -von den Kirchenvätern, dem Pseudo-Dionysius, Boethius, den arabischen und jüdischen Kommentatoren. In Bezug auf die letzten beiden ist festzuhalten, dass die sogenannte 'Aristotelisierung des Thomismus' den früheren Arbeiten von Averroes und Maimonides viel zu verdanken hat, obwohl er in entscheidenden Punkten nicht mit ihnen übereinstimmte.[1]

Der Universal-Doktor war kein bloßer Wiederholer des "Philosophen", wie er ihn nannte. Er leistete originelle Beiträge zum aristotelischen Denken, wie die klare Unterscheidung zwischen Wesen und Existenz in den Seienden und dessen Identität in Gott, aber vor allem gab er ihm die transzendentale Vision, die ihm fehlte.

Da wir nur in Begriffen des Seins denken können und kein Sein begreifen können, außer als Wesen, müssen wir sagen, dass Gott eine Wesen besitzt; aber sofort müssen wir hinzufügen, dass das, was seine Wesen ausmacht, sein Existieren ist: In Deo non est aliud essentia vel quidditas quam suum esse.[2]

Sankt Thomas wusste sich von dem aristotelischen unbewegten ersten Beweger zum höchsten Sein zu erheben und die Lehre seines Meisters mit neuen Konzepten, die mit der christlichen Offenbarung verbunden sind, zu bereichern.

Der engelhafte Doktor ist nicht Aristoteles. Aber man kann ihn nicht ohne Aristoteles verstehen. Er ist auch nicht einfach nur ein Theologe, auch wenn er der bedeutendste Theologe seiner Generation ist. Sankt Thomas ist auch ein Philosoph und vor allem ein Metaphysiker. Als solcher hat er reflektiert. Sein wichtigstes Merkmal besteht darin, all dieses Wissen genutzt zu haben, um das Verständnis des christlichen Glaubens zu erklären, zu erhellen und zu bereichern. Es stimmt jedoch, dass wir in seiner Bibliografie keine systematische Doktrin finden, die in einem einzigen Werk den gesamten Traktat über das Sein umfasst. Seine metaphysischen Studien werden zusammen mit theologischen Überlegungen entwickelt. Das Sein des Seienden führt ihn zum subsistierenden Sein. Seine Metaphysik ist von unten nach oben aufgebaut. Vom endlichen und partizipierten Sein bis hin zum unendlichen und absoluten Sein nach Wesen.

Sankt Thomas ist ein metaphysischer Realist. Mäßig, muss man hinzufügen. Obwohl er durch Augustinus platnische Einflüsse erfahren hat, ist sein Realismus nicht platonisch. Er ist aristotelisch. Es ist auch nicht der extreme Realismus von Parmenides.

Sankt Thomas findet in Aristoteles' moderiertem Realismus genau das, was man "die natürliche Metaphysik des menschlichen Verstandes" genannt hat. Sie beginnt mit der sinnlichen Erfahrung und steigt progressiv auf bis zu Gott, dem reinen Akt, dem Denken des Denkens.[3]

Der traditionelle Realismus (das heißt der thomistische) *beschränkt sich nicht darauf, das Sein und seine Gegensatz zur Nichts. Er sagt auch, was das Sein ist: kein Gattungsbegriff, der durch äußere Unterschiede diversifiziert wird (da nichts dem Sein äußerlich sein kann), sondern ein Analogon, das sehr unterschiedlich vom notwendigen Sein und dem* *kontingenten Sein, von der Substanz des Letzteren und seinen Akzidenzien, gesagt wird.*₄

Der Begriff Realität leitet sich von *res* ab, was Ding bedeutet. Die Realität sind die Dinge (Seiende), die existieren. Der metaphysische Realismus behauptet, dass die Dinge (Seiende) außerhalb und unabhängig vom Bewusstsein oder Subjekt existieren. Er geht in seiner metaphysischen Reflexion vom äußeren Objekt aus. Für den Realisten ist die Realität offensichtlich. Der metaphysische Idealismus hingegen geht vom inneren Subjekt aus und leugnet die objektive Existenz der äußeren Realität.

Es ist auch wichtig, einen "gnoseologischer Realismus" zu unterscheiden, der wie der metaphysische Realismus von den Dingen ausgeht. Von dem, was außerhalb von uns existiert und uns herausfordert. Das unsere Sinne beeindruckt. Er stellt nicht in Frage, ob wir die Fähigkeit haben, diese Realität zu erkennen oder nicht. Daher beginnen wir bei Sankt Thomas nicht mit einer Erkenntnistheorie, wie es in der sogen annten modernen Philosophie der Fall ist.

*Der gnoseologische Realismus behauptet, dass Erkenntnis möglich ist, ohne anzunehmen (wie es die Idealisten tun), dass das Bewusstsein der Realität bestimmte a priori-Konzepte oder Kategorien. Was beim Erkennen wichtig ist, ist das Gegebene und keineswegs das Gesetzte (durch das Bewusstsein oder das Subjekt). Wie man sieht, beschäftigt sich der gnoseologische Realismus nur mit der Art des Erkennens; der metaphysische Realismus mit der Art des Seins des Realen.*₅

Der gnoseologische Realismus geht von der Existenz der Realität aus. Das Sein existiert und wir können es erkennen. Für den Realisten ist die Realität intelligibel.

Es gibt einen anderen Aspekt, über den wir sprechen können. Und das ist die sogenannte "Frage der Universalien". Ein Universal wird als eine allgemeine Idee betrachtet. Es wird als abstraktes Seiende betrachtet. Zum

Beispiel: Menschheit, Quadrat, Schönheit usw. Universalien stehen im Gegensatz zu Einzeldingen oder konkreten Entitäten.

Die "Frage", die immer noch heftig diskutiert wird, bezieht sich auf die philosophische Diskussion über den ontologischen Status der Universalien. Es geht darum, die besondere Form der Existenz der Universalien zu bestimmen, und dadurch wird über den realen Wert unseres Wissens geurteilt.

In Bezug auf die Frage lassen sich zwei Positionen unterscheiden, die als Schulen gelten: Realismus und Nominalismus. Die ersten vertreten die ontologische Realität der Universalien. Die letzteren sehen in ihnen nichts anderes als Wörter. Das sind in Kürze beide Positionen. Aber die Nuancen, die sie bieten, verdienen eine detaillierte Unterscheidung.

1-Realismus. Die Universalien existieren tatsächlich. Ihre Existenz ist vorhergehend und vor den Dingen: *universalia ante rem*. Wenn dem nicht so wäre, wäre es unmöglich, die Existenz der einzelnen Seienden zu verstehen. Die Existenz der Universalien ist nicht wie die der konkreten körperlichen Seienden. Wenn dem so wäre, wären sie keine Universalien und wären der gleichen Kontingenz wie die Einzelseienden unterworfen.

1.1-Absoluter Realismus. Die Universalien existieren und die Einzelseienden sind Kopien oder Beispiele von ihnen.

1.2-Übertriebener Realismus. Die Universalien existieren formal. Sie sind die Essenz der Einzelseienden. Man denke an Platos "Höhlengleichnis".

1.3-Moderater Realismus. Die Universalien und die Einzelseienden existieren. Die ersteren in Bezug auf ihr Verständnis, die letzteren in Bezug auf ihr Sein. Die Universalien existieren und haben ihren Ursprung in der Sache selbst: *universalia in re*.

2-Nominalismus. Die Universalien sind nicht real. Sie kommen nach den

Dingen: *universalia post rem*. Es handelt sich um vollständige Abstraktionen des Verstandes.

2.1-Konzeptualismus. Die Universalien existieren nicht in der Realität. Sie existieren nur als Konzepte in unserem Geist.

2.2-Moderater Nominalismus. Die Universalien existieren nicht. Es existieren nur konkrete einzelne Seiende.

2.3-Übertriebener Nominalismus. Es existieren nur Namen zur Bezeichnung von Einzelseienden.

2.4-Absoluter Nominalismus. Es wird dasselbe wie im übersteigerten Nominalismus gesagt, wobei jedoch klargestellt wird, dass auch die Namen, die zur Bezeichnung von Einzelseienden oder konkreten Entitäten verwendet werden, ebenfalls Einzelseiende sind.

Von ihrem Ausgangspunkt her erscheint der thomistische Realismus daher als ein "moderater Realismus", der behauptet, dass das Universale, ohne formal als Universale in den einzelnen Dingen zu existieren, in ihnen seinen Ursprung hat. Diese Lehre erhebt sich zwischen zwei Extremen, die sie als zwei Abweichungen betrachtet: den absoluten Realismus von Platon, der behauptet, dass das Universale formal außerhalb des Geistes existiert (getrennte Ideen), und den Nominalismus, der leugnet, dass das Universale in den einzelnen Dingen einen Grund hat und es auf eine subjektive Vorstellung reduziert, begleitet von einem gemeinsamen Namen.[6]

Wir erkennen durch die Sinne. Die Sinne und ihre Wahrnehmungen sind die Grundlage unseres Wissens. Es gibt nichts, was unser Verstand besitzt, was nicht zuvor durch ihren Filter gegangen ist. Selbst die Erkenntnis von spirituellen Seienden und des Seins selbst, Gott, ist durch das Wissen möglich, das uns unsere Sinne vermitteln. Da beginnt alles.

Für den moderaten Realismus oder den traditionellen Realismus ist das erste Objekt, das unser Intellekt erkennt, weder Gott, das höchste

Intelligible, noch die bloße Tatsache des Seins (die möglicherweise weiterhin unintelligibel bleibt), sondern das intelligible Sein der sinnlichen Dinge, in deren Spiegel wir nachträglich, durch den Kausalitätsweg, die Existenz Gottes erkennen können.[7]

Die Sinne erfassen sinnliche Dinge, Seiende, die die Realität ausmachen. Der Verstand erfasst das intelligible Sein dieser Seienden. Er dringt in ihre Wesen ein. Die Erkenntnis besteht darin, diese Seienden anhand der sinnlichen Daten zu erkennen.

Das Sein ist das formale und angemessene Objekt des Verstandes als Verstand. In Bezug auf das eigentliche Objekt des menschlichen Verstandes als menschlicher oder mit den Sinnen verbundener Verstand ist es das Sein oder die Essenz der sinnlichen Dinge, in deren Spiegel wir hier unten die rein spirituellen Realitäten, unsere Seele und Gott, erkennen.[8]

Das Sein ist der formale Gegenstand des Verstandes, ähnlich wie Farbe der formale Gegenstand des Sehens ist oder Klang der formale Gegenstand des Hörens. Dieses Sein ist analog in den Seienden und zwischen diesen und Gott. Jedes Seiende ist auf seine Weise. Gott ist auf seine Weise. Aber das Seiende ist und Gott ist. Der Begriff des Seins ist nicht univok noch äquivok. Er ist analog. Diese Unterscheidung ermöglicht es Sankt Thomas, zu Gott aufzusteigen und seine Existenz anhand der sinnlichen Daten zu erklären.

Der Ausgangspunkt des Wissens ist nicht der Gedanke, sondern das Sein und das Erste Prinzip, das es enthält: das Prinzip des Widerspruchs. Nichts ist intelligibel außer in Bezug auf das Sein. Der Verstand ist nicht an sich intelligibel, sondern in Bezug auf das Sein, das er unmittelbar erkennt, bevor er sich selbst durch Reflexion erkennt.[9]

Die Sinne erkennen das Konkrete und Einzelne. Der Verstand erkennt das Abstrakte und Allgemeine. Die Sinne nehmen die äußeren Eigenschaften der Seienden wahr. Der Verstand erfasst durch Abstraktion die Wesen der Seienden und ihrer Eigenschaften. Die Sinne und der

Verstand erkennen das Ganze, aber auf unterschiedliche Weise. Die Sinne das Besondere. Der Verstand das Gemeinsame.

Wissen ist das Erfassen der Essenzen. Das Seiende wird vom Verstand gewusst, ausgehend von den Sinnen, in dem Moment, in dem der Verstand erfasst, was das Seiende ist. Das Reale, das Seiende, wird gewusst, bevor der Verstand es erfasst, und ist unabhängig von ihm. Es existiert, auch wenn der Verstand es nicht denkt. Der Idealist hingegen erschafft die Realität mit seinem Denken.

Erkennen bedeutet das Erfassen des Seins der Seienden. Nachdenken bedeutet das Nachdenken über das Sein der Seienden. Alles, was ist, ist Gegenstand des Erkennens und der Reflexion. Dies ist die Philosophie des Seins, die sich radikal von der Philosophie des Phänomens und des Werdens unterscheidet.

Es gibt eine logische Ordnung mit ihren Prinzipien. Unter diesen gibt es einige, die als Erste bezeichnet werden können, und von diesen gibt es ein Allererstes, wenn man den Ausdruck erlaubt. Dies ist das Prinzip des Widerspruchs. Für den Thomisten sollte die logische Ordnung die Ordnung der Seienden widerspiegeln. Das heißt, die ontologische Ordnung. Der logische Wert der Ersten Prinzipien ergibt sich aus ihrem ontologischen Wert.

Zwischen der antiken Philosophie und dem Idealismus besteht das Problem darin, zu wissen, ob wir uns sicher sind, ob das Prinzip des Widerspruchs objektiv ist oder nicht, ob es für uns offensichtlich ist, dass das Absurde nicht nur undenkbar, sondern auch unmöglich ist.[10]

Das Sein ist, was es ist, und kann nicht sein, was es nicht ist. Aus dieser Realität erhebt sich der *Doctor Angelicus* zum vollen, totalen, subsistenten Sein, das ohne Unterscheidung von Wesen und Existenz, Akt und Potenz, Materie oder Form ist. "Ich bin der Ich-bin" (*Exodus* 3,14).[11] Er erhebt sich zu Gott. Um das Sein als solches zu verstehen und zu erfassen, muss man zu Gott gelangen. Wer das Sein in den Seienden nicht kennt, kennt Gott nicht. Wer Gott nicht erkannt hat, hat das Sein in den Seienden nicht verstanden.

(...) Bei der Untersuchung der verschiedenen Arten des Seins, der verschiedenen Arten von Seienden, sieht sich Aristoteles zu einer radikalen intellektuellen Innovation gezwungen: Angesichts der Vorstellung vom einen und unbewegten Seienden Parmenides' und der Behauptung der Sophisten von der radikalen Beweglichkeit und Inkonsistenz des Realen etabliert Aristoteles die Lehre von den Arten des Seins, die durch eine Analogie verbunden sind; das Seiende ist eins und vielfältig, es wird auf verschiedene Arten gesagt, aber immer in Bezug auf eine primäre und grundlegende Art, und das ist die Substanz (ousía). Die Metaphysik, indem sie das Seiende als solches untersucht, erreicht ihren Höhepunkt in der Theorie der Substanz; und die höchste Form der Substanz, in der die Bedingungen des Seienden (ón) in vollständiger und ausreichender Weise realisiert werden, ist Gott, der "erste unbewegte Beweger", reiner Akt, in dem alles Wirklichkeit ist, ohne Mischung von Potenz und Materie.[12]

Diese Philosophie des Seins wurde als "gesunder Menschenverstand" bezeichnet, der nichts mehr und nichts weniger als die natürliche Vernunft ist.

Der moderaten Realismus von Aristoteles und Sankt Thomas stimmt mit dem spontanen natürlichen Verstand überein, der als gesunder Menschenverstand bezeichnet wird. Dies zeigt sich vor allem in dem, was über den realen Wert und den Umfang der ersten vernünftigen Prinzipien gelehrt wird.[13]

(...) Der gesunde Menschenverstand oder die Fähigkeit des Verstandes, gesund über die Dinge zu urteilen, vor jeder philosophischen Kultur.[14]

Auch in seinem Bestreben, den Begriff des Seins in der Lehre des *Doctor Angelicus* hervorzuheben, wurde der Thomismus als "existenzielle" Philosophie bezeichnet. Dies ist der Fall bei Jacques Maritain. Natürlich kann man es so nennen, jedoch unter gebührender Vorsicht.

Indem er die Lehre von Sankt Thomas auf diese Weise charakterisiert, möchte (Jacques Maritain) *uns in erster Linie wissen lassen, dass jede menschliche Erkenntnis, einschließlich der metaphysischen, von der sinnlichen Erkenntnis ausgeht und schließlich zu ihr zurückkehrt, nicht um ihre Essenz zu erkennen, sondern um zu wissen, wie sie existieren (denn auch dies muss bekannt sein), um ihre existenzielle Bedingung zu verstehen und durch Analogie das Vorhandensein von dem, was immateriell existiert, dem rein Spirituellen zu begreifen.*[15]

Étienne Gilson fügt sofort hinzu:

(...) Sich daran zu erinnern, dass die thomistische Philosophie "existenziell" ist, im gerade erklärten Sinne, bedeutet, sich gegen die allzu natürliche Tendenz zu stellen, die den menschlichen Geist auf der Ebene der Abstraktion belässt.[16]

Zu sagen, dass die thomistische Philosophie "existentiell" ist, bedeutet daher, etwas stärker als gewöhnlich zu betonen und zu bemerken, dass eine derart konzipierte Philosophie des Seins in erster Linie eine Philosophie des Existierens ist.[17]

Bis hierhin hätte der Begriff nichts Anstößiges. Er würde hervorheben, dass der Thomismus nicht in einer Philosophie der Essenz allein besteht, die abstrakt betrachtet wird, sondern in einer Philosophie der Essenz, die mit dem Akt des Seins, des Existierens, verbunden ist. Es ist keine Rede über Konzepte, sondern eine Philosophie der Realität.

Das Ziel des Thomismus ist nicht der Thomismus selbst, sondern die Welt, der Mensch und Gott, die als existent in ihrer eigenen Existenz betrachtet werden. Es ist daher durchaus wahr, dass die Philosophie von Sankt Thomas in diesem ersten Sinne existenziell ist. (...) Da Existenz nur im Konzept des Seins vorgestellt werden kann, ist der Thomismus eine Philosophie des Seins und bleibt es auch, selbst wenn gesagt werden muss, dass er existenziell ist.[18]

Jetzt jedoch kann die Verwendung des Begriffs "existentielle Philosophie" als Bezeichnung für den Thomismus zweideutig und verwirrend sein, was zu ständigen Klarstellungen führt.

Der Ausdruck ist modern, und obwohl die Anliegen, die ihn inspiriert haben, so alt sind wie das westliche Denken selbst, ist es kaum möglich, sie auf die Lehre von Sankt Thomas anzuwenden, ohne den Eindruck zu erwecken, sie von außen zu verjüngen und sie dem aktuellen Modetrend anzupassen. Eine solche Besorgnis wäre weder klug noch geschickt, und sie würde außerdem dazu führen, den Thomismus mit einer Gruppe von Lehren zu verbinden, zu denen er sich in bestimmten grundlegenden Punkten radikal widersetzt. Heute von "existentieller Philosophie" zu sprechen, ruft die Namen von Kierkegaard, Heidegger und Jaspers oder vieler anderer in Erinnerung, deren Tendenzen übrigens nicht immer konvergent sind und denen sich der Thomismus, der sich seiner eigenen Essenz bewusst ist, folglich nicht als kompakte Einheit anschließen könnte.[19]

Der Thomismus ist kein Existentialismus. Das muss klar sein, wenn der Begriff "existentielle Philosophie" verwendet wird.

Was den Thomismus tatsächlich charakterisiert, ist die Entscheidung, das Existenz in das Herz der Realität zu stellen, als eine Handlung, die jeden Begriff transzendiert, und dabei gleichzeitig den doppelten Fehler vermeidet, vor ihrer Transzendenz stumm zu werden oder sie zu entfremden, indem man sie objektiviert. Die einzige Möglichkeit, über das Existieren zu sprechen, besteht darin, es in einem Begriff zu erfassen, und der Begriff, der es unmittelbar ausdrückt, ist der Begriff des Seins. Das Sein ist das, was es ist, das heißt: das, was das Existieren besitzt.[20]

2. "JENSEITS DER PHYSIK"

Die Geschichte besagt, dass es Andrónikos von Rhodos (1. Jahrhundert v. Chr.), der Nachfolger von Aristoteles in der Leitung der peripatetischen Schule, war, der die Schriften des Stagiriten herausgab. Dabei kam er auf die Idee, eine Sammlung von vierzehn Büchern unter dem Titel "Jenseits der Physik" (Metaphysik, *Tà metà tà physiká*, d.h. *τά μετά τά φυσικά*, was "die (Bücher) nach den Physikern" bedeutet) zu klassifizieren, deren Inhalt logischerweise eine Fortsetzung der Bücher der Physik zu sein schien. Aristoteles selbst hatte diese Sammlung nicht als Metaphysik bezeichnet, sondern als Erste Philosophie oder Theologie.

Aristoteles und das Mittelalter nannten die Physik das, was wir heute als Naturphilosophie bezeichnen. Heutzutage sollten wir diesen Ausdruck verwenden, um Verwechslungen zwischen den beiden nun unterschiedenen und abgegrenzten Bereichen der experimentellen Wissenschaften und der Naturphilosophie zu vermeiden. Außerdem sprechen die Modernen lieber von "Wissenschaftsphilosophie" oder "wissenschaftlicher Philosophie" als von Naturphilosophie. Ebenso reduzieren diejenigen, die dem Positivismus folgen, die Metaphysik auf diese wissenschaftliche Philosophie Das Problem dabei ist, dass solche Spekulationen weder etwas mit Metaphysik noch mit Philosophie zu tun haben. Mit korrekter Ausdrucksweise gesprochen gibt es weder Wissenschaftsphilosophie noch wissenschaftliche Philosophie, da Philosophie ein Objekt und Methoden hat, die wesentlich unterschiedlich sind von denen der positiven Wissenschaften, und es ist unmöglich, die Philosophie direkt aus den positiven Daten abzuleiten. Eine "wissenschaftliche" Philosophie ist die Negation der Philosophie und ihrer Vorrangstellung. Daher stellt N. Berdjajew zu Recht fest, dass die "Philosophie der Wissenschaften" die Philosophie derer ist, die in der Philosophie nichts zu sagen haben. (Cinq Méditations sur l'existence (Paris, 1936, S. 21).[21]

Heute wissen wir, dass die Metaphysik des Aristoteles kein einzelnes Werk ist, sondern eine Sammlung von Schriften unterschiedlichen Datums, und dass sie nicht von Andronikus von Rhodos benannt wurden, sondern von einem früheren Autor, möglicherweise Hermippus von Smyrna, obwohl diese Zuschreibung umstritten ist.[22]

Die vierzehn Bücher wurden nach Zahlen und Buchstaben geordnet.

Die Bücher 1, 3, 4, 6, 7, 8, 9 (die den Buchstaben A, B, Γ, E, Z, H, Θ entsprechen) können als ein zusammenhängendes Ganzes mit kontinuierlicher Entwicklung betrachtet werden. Sie behandeln Fragen im Zusammenhang mit der Einführung in das Thema und den Problemen, die sich aus dem Gegenstand der Metaphysik, der Substanz sowie der Akt und die Potenz ergeben.

Die Bücher 10 und 12 (I und A) scheinen separate zusammengesetzte Einheiten zu bilden. Das Buch 10 behandelt das Eine und das Vielfache. Das Buch 12 behandelt die erste Substanz.

Die Bücher 13 und 14 (M und N) enthalten in zwei parallelen Ausführungen, die wahrscheinlich zu unterschiedlichen Zeiten verfasst wurden, eine vertiefte Kritik der Zahlentheorie und der Ideen.

Es bleiben **die Bücher 2, 5 und 11 (a, A und K)**, die nur schwer mit den vorherigen integriert werden können. Das Buch 2 behandelt insbesondere das Problem der Nichtregression ins Unendliche. Das Buch 5 ist ein begründetes Lexikon der Begriffe der Physik und Metaphysik. Das Buch 11 ist eine Zusammenstellung der Physik und der Bücher 3 (B), 4 (Γ) und 6 (E).

Sankt Thomas behandelte nicht in einem einzigen Buch alles, was die Metaphysik betrifft. In diesem Sinne können wir zwei Werkesammlungen unterscheiden.

Die erste Sammlung ist ein konkretes Werk: *Kommentar zur Metaphysik von Aristoteles*. Es handelt sich um eine wirklich philosophische Studie, in der der Engelhafte Doktor nicht nur das Denken des Stagiriten kommentiert, sondern auch seine eigenen Ansichten entwickelt.

Sankt Thomas sucht vor allem bei Aristoteles nicht die letzten und höchsten Schlussfolgerungen der Philosophie über Gott und die Seele, sondern die Elemente der Philosophie, wie man von Euklid die der Geometrie verlangt; jedoch findet er darin die vertieften und häufig am genauesten formulierten Elemente, über den entgegengesetzten Abweichungen von Parmenides und Heraklit, vom pythagoreischen Idealismus und vom Materialismus der Atomisten, vom Platonismus und der Sophistik hinaus. Sankt Thomas findet in dem moderaten Realismus von Aristoteles das, was man zu Recht als "die natürliche Metaphysik des menschlichen Verstandes" bezeichnet hat, die von der sinnlichen Erfahrung ausgeht und sich allmählich bis zu Gott, dem reinen Akt, dem Denken des Denkens erhebt.[23]

Das zweite Ensemble wurde im Einklang mit seinen theologischen Untersuchungen erarbeitet. Wir finden es sowohl in *De Deo Uno* als auch in der *Summa Theologiae* (Ia Ps, q. 2-26) oder in der *Summa contra Gentiles* (I), sowie an anderen parallelen Orten (*Quaestiones disputatae, Opuscula* usw.).

Im Grunde genommen gibt uns das Werk von Sankt Thomas sowohl eine Metaphysik von rein philosophischem Charakter und Anordnung, die jedoch etwas fragmentarisch und unvollständig ausgearbeitet ist, als auch eine organischere und vertiefte Metaphysik, die jedoch den Nachteil hat, in eine theologische Untersuchung eingebunden zu sein. Es besteht zweifellos eine bemerkenswerte doktrinäre Kohärenz zwischen den beiden Ensembles, aber die Anliegen und Perspektiven sind in jedem unterschiedlich. Andererseits ist es, wenn man eine kohärente Darstellung präsentieren möchte, absolut notwendig, sich für einen der Standpunkte zu entscheiden: den Standpunkt einer progressiven Metaphysik von eigenständig philosophischer Natur, bei der man vom erfahrenen Sein zu Gott aufsteigt (Standpunkt des Kommentars); und den Standpunkt einer synthetischen Metaphysik, gemäß der die Struktur des geschaffenen Seins von Anfang an aus dem ersten Sein heraus gerechtfertigt wird (Standpunkt des Gottes-Traktats).[24]

3. ALLGEMEINES KONZEPT DER METAPHYSIK

Das eigentliche Objekt der Metaphysik ist in der aristotelischen Schule das Seiende als solches und seine Eigenschaften. Aber diese Definition, die auch von Sankt Thomas beibehalten wird, ergibt sich nur mit Schwierigkeiten und mehrdeutig aus der von Andronicus geordneten Sammlung.

Sankt Thomas, der sich dieser Mehrdeutigkeit bewusst geworden war, stellt sich in der Einleitung zu seinem *Kommentar zur Metaphysik von Aristoteles* der Herausforderung und erklärt klar, was Aristoteles unter dieser Wissenschaft verstand. Er erläutert die dreifache Auffassung des Stagiriten wie folgt:

1-Metaphysik als Wissenschaft von den ersten Ursachen und den ersten Prinzipien. Im Gegensatz zu den anderen Wissenschaften, die sich nur auf unmittelbarere Ursachen oder Prinzipien beziehen.[25] Die Bezeichnung "Erste Philosophie" bezieht sich auf diesen Aspekt der Metaphysik, der im Buch 1 (A) vorherrscht.

2-Metaphysik als Wissenschaft vom Sein als solchem und von den Eigenschaften des Seins als solchem. Im Gegensatz zu den anderen Wissenschaften, die nur einen bestimmten Bereich des Seins betrachten. Dieses Konzept gewinnt im Buch 4 (Γ) der Zusammenstellung von Aristoteles an Konsistenz und scheint sich von da an durchzusetzen. Dem entspricht auch der eigentliche Begriff "Metaphysik".

3-Metaphysik als Wissenschaft von dem Unbewegten und Getrennten. Im Gegensatz zur Mathematik und Physik, die ihr Objekt immer unter gewissen materiellen Bedingungen betrachten. Aus dieser Sicht kann die Metaphysik, da Gott die erhabenste der getrennten Substanzen ist, den Namen "Theologie" für sich beanspruchen. Dieser Aspekt dominiert in der Arbeit ab Buch 6 (E).

Nun werden wir sehen, wie er zu dieser Schlussfolgerung gelangt.

4. DAS TOMISTISCHE PROÖM IM *KOMMENTAR ZUR METAPHYSIK VON ARISTOTELES*[26]

In seiner *Metaphysik* stellt Aristoteles die Notwendigkeit einer ordnenden Wissenschaft unter allen Wissenschaften dar, um zur Weisheit zu gelangen.

Sankt Thomas sagt im Proöm zu seinem *Kommentar zur Metaphysik von Aristoteles*:

Wie Aristóteles in der Politik lehrt:

1-Wenn viele Dinge auf eines ausgerichtet sind, ist es notwendig, dass eines von ihnen reguliert, während die anderen reguliert oder geleitet werden. Dies ist offensichtlich in der Vereinigung von Seele und Körper, denn die Seele herrscht natürlich und der Körper gehorcht, und dasselbe gilt für die Kräfte der Seele, denn das Zornige und das Begierliche werden natürlich von der Vernunft geleitet und geregelt.

2-Demnach sind alle Wissenschaften und Künste auf etwas Einheitliches ausgerichtet, nämlich auf die Vollkommenheit des Menschen, die in seinem Glück besteht.

3-Daher ist es notwendig, dass eine der Wissenschaften die anderen beherrscht, und diese wird den Namen Weisheit tragen, denn das Eigene des Weisen besteht darin, zu ordnen.

Alle einzelnen Wissenschaften verfolgen ein gemeinsames Ziel, nämlich die Vollkommenheit des Menschen oder sein Glück. Aristoteles schlussfolgert, dass es unter all diesen Wissenschaften notwendigerweise eine besondere gibt, die alle anderen Wissenschaften regiert, lenkt und ausrichtet. Auf diese Weise können sie alle ihr Ziel geordnet erreichen.

Weisheit ist daher der Name der Metaphysik. Da sie die anderen einzelnen Wissenschaften leiten soll, ist offensichtlich, dass ihr

Gegenstand der intelligibleste aller wissenschaftlichen Gegenstände sein muss. Und folglich kann sie als Wissenschaft selbst nichts anderes sein als die intellektuellste aller Wissenschaften.

Der Aquinate setzt fort:

1-Wir können herausfinden, um welche Wissenschaft es sich handelt und mit welcher Art von Dingen sie sich befasst, indem wir die Eigenschaften eines guten Herrschers sorgfältig untersuchen. Denn genauso wie Menschen von überlegener Intelligenz natürlicherweise die Herrscher und Meister anderer sind, während jene mit großer körperlicher Stärke und geringer Intelligenz natürlicherweise Sklaven sind, wie Der Philosoph in dem genannten Buch sagt, so sollte auch jene Wissenschaft, die intellektuell in höchstem Maße ist, naturgemäß die Herrscherin über die anderen sein.

2-Diese Wissenschaft ist diejenige, die sich mit den intelligibelsten Objekten befasst.

Nun können wir das Intelligible aus drei verschiedenen Gesichtspunkten betrachten:

Erstens nach der Ordnung des Wissens. Die Kenntnis der Ursachen, durch die der Verstand Gewissheit erlangt, scheint das intellektuellste Wissen von allen zu sein. Folglich ist die Wissenschaft, die sich mit den Ersten Ursachen befasst, offensichtlich die oberste Regulierende der anderen.

Sankt Thomas sagt im Proem:

So wie die Gewissheit des Wissens, das der Verstand hat, durch die Ursachen erlangt wird, scheint die Kenntnis der Ursachen wirklich die intellektuellste zu sein, und folglich ist die Wissenschaft, die die Ersten Ursachen betrachtet, offenbar die höchste Regulierende der anderen.

In diesem Fall sprechen wir von der Metaphysik als der Wissenschaft der Ersten Ursachen und Ersten Prinzipien. Wir nennen sie **Erste Philosophie oder Weisheit (im eigentlichen Sinne)**.

Zweitens, aus der Perspektive des Vergleichs zwischen Intelligenz und den Sinnen. Während die Sinne das Besondere als Gegenstand des Wissens haben, hat die Intelligenz das Universelle als Gegenstand.

Sankt Thomas sagt im Proemium:

Die intellektuellste Wissenschaft betrifft daher die universellsten Prinzipien, nämlich das Sein und das, was dem Sein folgt, wie das Eine und das Viel, die Potenz und der Akt. Solche Begriffe sollten jedoch nicht vollständig unbestimmt bleiben oder in einer speziellen Wissenschaft behandelt werden... Daher müssen sie in einer einzigen gemeinsamen Wissenschaft behandelt werden, die als die intellektuellste die anderen reguliert.

In diesem Fall sprechen wir von Metaphysik als der Wissenschaft vom Sein als solchem. Das ist das, was gemeinhin als Metaphysik verstanden wird. Oder, unter Verwendung einiger Ausdrücke von Sankt Thomas, können wir es **Transphysik** nennen. Auch **Ontologie** (wir stellen klar, dass dieser letzte Begriff nicht in den Werken des engelhafte Doktor vorkommt, aber für didaktische Zwecke können wir ihn verwenden).

Drittens, aus der Sicht des intellektuellen Wissens selbst. Dasjenige, was mehr von der Materie getrennt ist, ist intelligibler. Dasjenige, was in der Lage ist, sich vollständig von der sinnlichen Materie abzulösen, sowohl aus vernünftiger Sicht (wie die Mathematik) als auch aus der Sicht des Seins (wie Gott und die Geister), ist stärker von der Materie getrennt.

Sankt Thomas sagt im Proemium:

Die Wissenschaft, die sich mit diesen Dingen befasst, scheint daher die intellektuellste zu sein und gegenüber den anderen das Recht auf Vorherrschaft und Regierung zu haben.

In diesem Fall sprechen wir von Metaphysik als der Wissenschaft von dem, was absolut von der Materie getrennt ist. Wir nennen es Göttliche Wissenschaft oder, wie es Aristoteles nannte, Theologie. Unter Verwendung eines Begriffs, der nicht Sankt Thomas stammt, können wir von **Theodizee** sprechen.

Daher umfasst die aristotelisch-thomistische Auffassung der Metaphysik oder Weisheit drei Dimensionen:

1-Erste Philosophie, die sich mit den Ersten Prinzipien und Ursachen befasst

2-Ontologie, die das Sein als solches studiert

3-Natürliche Theologie, die sich mit Gott und den getrennten Substanzen befasst.

Es gibt also keine drei verschiedenen Subjekte des Wissens, sondern ein und dasselbe Subjekt, das aus drei verschiedenen Blickwinkeln betrachtet wird. Aber die Formulierung, die Sankt Thomas als Synthese der anderen bevorzugt, ist die "Wissenschaft vom Sein als solchem", da die Untersuchung des Seins die Erforschung seiner Ursachen und Prinzipien erfordert und zur höchsten Ursache, Gott, führt.[27]

Auf diese Weise sind die drei Dimensionen einer einzigen Wissenschaft perfekt miteinander verbunden.

Die Metaphysik dringt in die Tiefe der Realität ein. Sie begnügt sich nicht damit, das Sein als Sein zu studieren, was etwas ist, wie es ist, sondern sie hinterfragt den Grund für das Sein der Seienden. Auf diese Weise erreicht sie die höchste Wahrheit und Intelligibilität: Gott, als Wesen an sich, der

Urheber und Geber des Seins. Die Metaphysik, als Wissenschaft, wird von Anfang an zur Weisheit, zum Wissen durch die höchsten Ursachen. Die Metaphysik ist die Wissenschaft der Wissenschaften und dringt in diesem Sinne nicht in das Gebiet anderer Wissenschaften ein. Indem sie jedoch die Tiefe der Realität offenbart, zeigt sie den ontologischen Status anderer Wissenschaften auf.[28]

5. DER *KOMMENTAR ZUR METAPHYSIK VON ARISTOTELES*

Der *Kommentar zur Metaphysik von Aristoteles* ist unter dem Namen *In doudecim libros Metaphysicorum* oder *Sententia super Metaphysicam* bekannt.

Das älteste erhaltene Manuskript dieses Werkes befindet sich in der Biblioteca Nazionale di Napoli, üblicherweise als Bib. Naz. VIII F.16 bezeichnet. Es besteht keine Einigkeit unter den Gelehrten über den Ort und das Datum seiner Abfassung. Dennoch können wir wahrscheinlich sagen, dass die *Sententia super Metaphysicam* gegen Ende von 1271 oder Anfang 1272 in Paris fertiggestellt wurde.

Das Genre der *Kommentare* umfasst Werke, in denen die Erklärung den Originaltext dreifach oder vierfach übertrifft. Der Autor bemüht sich, jede der behandelten Fragen vollständig zu erschöpfen. In diesem Sinne kommentierte auch Sankt Thomas nicht nur die *Metaphysik* des Aristoteles, sondern auch seine Texte zur Logik, Physik, Biologie und praktischen Philosophie. In allen *Kommentaren* legte Sankt Thomas besonderen Wert darauf, sich nicht nur an die Worte des Stagiriten, sondern auch an seine Absicht zu halten. Wenn ihm die Worte dunkel oder unklar erschienen, bemühte er sich, parallele Passagen und Erklärungen anderer Kommentatoren zu suchen, um sie zu erhellen.[29]

Der *Kommentar zur Metaphysik* umfasst die ersten zwölf Bücher der *Metaphysik* des Aristoteles und ist in drei Hauptteile gegliedert:

1-Einführung in die Metaphysik: umfasst die Bücher I bis V

2-Ontologie: umfasst die Bücher V bis XI

3-Natürliche Theologie: umfasst die Bücher XI und XII

In der **Einleitung** wird die Metaphysik als eine erhabene Weisheit oder Wissenschaft betrachtet. Für Aristoteles ist Wissenschaft *cognitio per causas*, das heißt das Wissen der Dinge durch ihre Ursachen. Daher sollte die Metaphysik das Wissen aller Dinge durch ihre höchsten Ursachen sein. Dies ist möglich, da man in keiner Art von Kausalität ins Unendliche gehen kann. Das eigentliche Objekt der Metaphysik ist das Sein als Sein der Dinge. Von diesem übergeordneten Standpunkt aus betrachtet sie zahlreiche Probleme, die die Physik bereits aus der Perspektive des Werdens betrachtet hat. Sie schließt mit einer Verteidigung des realen Wertes der Vernunft, insbesondere des Widerspruchsprinzips, dessen Leugnung die Wissenschaft, das heißt das wahre Wissen, verhindert.

Mit Buch V beginnt das, was als **Ontologie** bezeichnet werden kann. Es beginnt mit der Erklärung des philosophischen Vokabulars, das vom Stagiriten verwendet wird. Anschließend behandelt es das Sein als Sein der sinnlichen Dinge. Hier werden Materie und Form in Bezug auf das Sein selbst von unbelebten oder belebten Körpern betrachtet, nicht mehr im Zusammenhang mit dem Werden. Schließlich reflektiert es über die Unterscheidung zwischen Potenz und Akt aus der Perspektive des Seins. Die Potenz ist wesentlich auf den Akt ausgerichtet, woraus sich die Überlegenheit des Akts im Vergleich zur darauf ausgerichteten Potenz ergibt. Das Unvollkommene ist also für das Vollkommene da, und das Vollkommene kann nicht von dem Unvollkommenen als seiner vollkommen ausreichenden Ursache hervorgebracht werden. Es stammt zweifellos von ihm als der materiellen Ursache, aber diese geht vom Potenz zum Akt nur unter dem Einfluss eines früheren und übergeordneten Akts über, der gemäß einem angemessenen übergeordneten Zweck wirkt. Daher erklärt nur das Höhere das Niedrigere; andernfalls würde das Mehr aus dem Weniger hervorgehen, das Vollkommenere aus dem Weniger Vollkommenen, im Widerspruch zu den Prinzipien des Grundes des Seins, der effizienten Kausalität und der Finalität. Dies ist die Widerlegung des Materialismus oder des Evolutionismus, bei dem jeder höhere Grad dem vorherigen gegenüber ohne Erklärung oder Ursache bleibt. Buch X behandelt das Prinzip der Identität.

Der dritte Teil ist der **Natürlichen Theologie** gewidmet. Sankt Thomas hat nur zwei Bücher kommentiert, das elfte und das zwölfte, und die anderen beiden, die sich mit den Meinungen der Vorgänger des Aristoteles befassen, außer Acht gelassen. Buch XI ist eine Zusammenfassung dessen, was zuvor behandelt wurde, um die Existenz Gottes zu beweisen. Buch XII belegt die Existenz Gottes als reinen Akt, weil der Akt der Potenz überlegen ist und weil alles, was von der Potenz zum Akt übergeht, letztlich eine unverursachte Ursache voraussetzt, die reinster Akt ist, ohne jeglichen Beimischung von Potenzialität oder Unvollkommenheit. Da der reine Akt die Vollkommenheit des Seins ist, ist er auch das höchste Gut, das alles zu sich zieht, wie Aristoteles sagt.

Sankt Thomas beendet seinen Kommentar:

Et hoc est quod concludit (philosophus), quod est unus princeps totius universi, scilicet primum movens et primum intelligibile et primtim bonum, quod supra dixit Deum, qui est benedictas in secula seculorum. Amen.

Dies kann wie folgt übersetzt werden:

Und das ist es, was er (Der Philosoph) abschließt, dass es einen Herrscher über das ganze Universum gibt, nämlich den ersten Beweger und das erste Intelligible und das erste Gut, wie er über Gott gesagt hat, der gesegnet ist in Ewigkeit. Amen.

6. DIE METAPHYSIK ALS WEISHEIT (ODER ERSTE PHILOSOPHIE)

Die Metaphysik als Weisheit (**im engeren Sinne**) ist die Wissenschaft von den Ersten Ursachen und den Ersten Prinzipien.

Im Menschen gibt es einen angeborenen Drang zu wissen, das heißt, durch die Ursachen zu erkennen, und dieser Wunsch kann nur dann erfüllt werden, wenn die letzte Ursache erreicht ist, diejenige, nach der es nichts mehr zu erforschen gibt und die daher ausreichend ist. Wissenschaft der höchsten Erklärungen oder der Ersten Ursachen, so scheint uns die Metaphysik zu sein, die unter diesem Licht den Titel der Weisheit verdient.[30]

Für Sankt Thomas von Aquin, genauso wie für Aristoteles, repräsentiert die Metaphysik oder erste Philosophie den Höhepunkt der Wissenschaft. Sie bietet dem menschlichen Geist das höchste Objekt der Neugierde und eröffnet ihm die weitreichendsten Perspektiven in Bezug auf das Schicksal. Sie ist die Weisheit par excellence; die anderen Wissenschaften teilen nur entfernt diesen schönen Namen.[31]

Im weitesten Sinne betrachtet ist die Weisheit gleichbedeutend mit der Metaphysik selbst. Das heißt, die Metaphysik ist in ihren verschiedenen Dimensionen Weisheit. Es ist wahr, menschliche Weisheit, aber untrennbar verbunden mit der Ersten Weisheit, der göttlichen.

Die Metaphysik (...) ist nicht nur eine Wissenschaft, sondern eine Weisheit (sapientia); sie lässt uns das Reale in seinen höchsten Ursachen und Prinzipien erkennen. Daher obliegt es ihr, jedes andere Wissen nicht in seinem eigenen Inhalt, sondern in seiner Treue zu den Prinzipien zu beurteilen; außerdem ist sie das Wissen, das alles auf sein letztes Ziel ausrichtet.[32]

(...) Weisheit ist ein empfangener und traditioneller Name, der die höchste und letzte Form des Wissens bezeichnet, den grundlegenden Anspruch des

"Weisen"; Aristoteles wird bestimmen, dass die "Weisheit" genau in dieser Wissenschaft besteht, die wir Metaphysik nennen; dies ist der Sinn der Untersuchung, die in den ersten beiden Kapiteln des ersten Buches durchgeführt wird.[33]

Verschiedene Arten von Weisheit

a-Bei den Griechen hatte der Begriff Weisheit oder *Sophia* utilitaristische Resonanzen. Es war gleichbedeutend mit Geschicklichkeit oder Exzellenz in irgendeiner Kunst. Ein reines Produkt des menschlichen Geistes. Es waren Plato und seine besten Schüler, Aristoteles und Porphyrios, die Weisheit mit der Betrachtung des Guten und letztendlich mit der Betrachtung Gottes identifizierten.

In der jüdisch-christlichen Tradition stammt die Weisheit vom Himmel: Sie ist die Erlösung, die uns durch die Initiative und Gnade Gottes gegeben wird. Sie ist ein reines Produkt Gottes.

Dem Evangelium gegenüber steht letztendlich das, was es uns gelehrt hat, Weisheit dieser Welt zu nennen, die tief in einer Ablehnung des Transzendenten besteht: Es geht darum, die Welt nur mit ihren eigenen Mitteln zu organisieren und ausschließlich im Hinblick auf den Menschen. Für einen Christen kann eine solche Weisheit, die nicht auf den wahren Werten aufbaut, offensichtlich nur angenommen und falsch sein.[34]

b-Sankt Thomas unterschied im menschlichen Geist drei wesentlich unterschiedene und hierarchisch geordnete Weisheiten:

1-Die eingegossene Weisheit, eine Gabe des Heiligen Geistes
2-Die theologische Weisheit
3-Die metaphysische Weisheit

*Mit **der eingegossenen Weisheit** wird aufgrund einer Verwandtschaft, die auf der Liebe der Nächstenliebe beruht, geurteilt. Dies ermöglicht es uns, Gott in sich selbst und gemäß einer übermenschlichen Handlungsweise oder vielmehr einem übermenschlichen Leiden zu erreichen. **Die theologische Weisheit** steht wie die vorherige unter dem Regime des Glaubens und hat ebenfalls Gott selbst zum Gegenstand. Sie gründet unmittelbar auf der Offenbarung und ihre Ausübungsweise ist wesentlich rational. **Die Metaphysik** hingegen ist rein menschlich und hat kein anderes Licht als das unserer natürlichen Vernunft. (...) Auch sie strebt danach, zu Gott vorzudringen, dem höchsten Prinzip der Dinge, aber als Ursache und nicht mehr als unmittelbar erfassbares Objekt.*[35]

c-In Bezug auf das Subjekt ist Weisheit für Sankt Thomas eine *habitus* oder Tugend, das heißt, eine Vollkommenheit des Verstandes, die ihn darauf vorbereitet, in seinem Handeln leicht und genau vorzugehen. Sie vervollkommnet den spekulativen Intellekt, indem er danach strebt, ein absolut universelles Wissen der Dinge aus den höchsten Prinzipien oder Gründen zu erlangen.

(...) Die Betrachtung des Realen insofern es ist, die Theorie, in der die Dinge offensichtlich werden und im Licht stehen, bildet die Weisheit, die Sophia, und diese besitzt nur Gott auf stabile, dauerhafte und eigene Weise; der Mensch erreicht sie nur vorläufig und in Intervallen; höchstens kann er nach einem Zustand streben, einer Lebensform, die durch eine gewisse Freundschaft mit der Weisheit definiert ist; das ist die Philosophie, die göttliche Wissenschaft im doppelten ausgedrückten Sinn; daher erreicht der Mensch in seinem theoretischen Leben, dessen Höhepunkt die Metaphysik ist, eine gewisse Ähnlichkeit mit der Göttlichkeit.[36]

Nach Sankt Thomas werden die menschlichen Tugenden in moralische und intellektuelle Tugenden eingeteilt. Die moralischen Tugenden vervollkommnen die begehrenden Kräfte. Die intellektuellen Tugenden vervollkommnen den Verstand. Es gibt fünf Arten von intellektuellen Tugenden. Drei beziehen sich auf den spekulativen Verstand: Wissenschaft, Intelligenz und Weisheit. Zwei beziehen sich auf den praktischen Verstand:

Klugheit und Kunst. Die Weisheit ist daher, wenn man sie so betrachtet, eine Tugend des spekulativen Verstandes.

Die aristotelische Tradition hat die Metaphysik oder Weisheit immer unter rein spekulativen *habitus* eingeordnet. Und nicht als praktische Wissenschaft.

Der Stagirit hat sie immer mit der Physik und der Mathematik in die Gruppe der theoretischen Wissenschaften gestellt, die sich durch ihr Ziel von den praktischen Wissenschaften unterscheiden (Metaphysik, Buch VI, Kapitel 1); und er hat immer betont, dass sie absolut uneigennützig ist. Die Metaphysik, die höchste natürliche theoretische Weisheit, ist also eine rein spekulative oder kontemplative Wissenschaft.[37]

(...)Die theoretischen und praktischen Wissenschaften unterscheiden sich durch ihre Objekte. Das Objekt der theoretischen Wissenschaften ist die Wahrheit der Dinge; das Objekt der praktischen Wissenschaften ist die menschliche Handlung, die nicht irgendeiner Meinung entspricht, sondern der Wahrheit dieser erkannten Dinge. (...) Die Metaphysik ist eine spekulative Wissenschaft, weil sie das tiefste Wissen über die Dinge erlangen will: Warum sie sind, was sie sind; und noch mehr, warum sie sind. Was ist das Sein?[38]

Die eigentlichen Handlungen der Weisheit

Es sind zwei: urteilen und ordnen.

Das "Urteil" wird vom Verstand im Licht der höchsten Prinzipien gefällt: Es ist ein Werturteil oder ein endgültiges und absolutes Ordnungsurteil. Darüber hinaus gibt es nichts mehr zu sagen.

"Ordnen" geschieht in Bezug auf ein Ziel, das kein anderes sein kann als das höchste Ziel: Gott.

Letztendlich bezieht sich die Weisheit alles auf Gott.

Vorzüglichkeit der Weisheit

Die Weisheit ist die edelste aller Wissenschaften. Denn das Studium der ersten Prinzipien der Seienden führt uns zu Gott, der höchsten Vernunft, dem Ziel des höchsten Wissens und dem letzten Ziel, auf das alle Seienden hinarbeiten. Aus diesem Grund ist diese Wissenschaft göttlich und daher am würdigsten der Ehre.

Sankt Thomas lehrt, dass eine Wissenschaft aus zwei Gründen als göttlich bezeichnet werden kann. Erster Grund: Die Wissenschaft, die Gott besitzt, wird als göttliche Wissenschaft bezeichnet. Zweiter Grund: Die Wissenschaft wird als göttliche Wissenschaft bezeichnet, weil sie sich mit den Dingen Gottes befasst.

Die Metaphysik als Weisheit erfüllt beide Gründe:

Erstens, weil bei der Behandlung der ersten Ursachen und Prinzipien entweder nur Gott diese Wissenschaft besitzt oder, falls er sie nicht allein besitzt (Menschen nehmen entsprechend ihrer Fähigkeit am Wissen teil, auch wenn sie keinen wahren Besitz davon haben), besitzt er sie in höchstem Maße. Wie auch immer, nur Gott besitzt von dieser Wissenschaft ein vollkommenes Verständnis.

Zweitens, weil die Metaphysik sich mit den ersten Ursachen und Prinzipien befasst, ist ihr Gegenstand Gott. Tatsächlich wird Gott sowohl als Ursache als auch als Prinzip der Dinge betrachtet. Mit anderen Worten, die Metaphysik behandelt Gott und göttliche Dinge.

Schließlich fügt Sankt Thomas in seinem *Kommentar zur Metaphysik von Aristoteles* hinzu:

Aus diesen Überlegungen zieht Aristoteles den zusätzlichen Schluss, dass alle anderen Wissenschaften für die praktische Anwendung wichtiger sind als diese Wissenschaft, weil diese Wissenschaft weniger um ihrer selbst willen gesucht wird. Aber keine der anderen Wissenschaften kann vorzüglicher sein als diese.[39]

7. DIE METAPHYSIK ALS WISSENSCHAFT DES VON DER MATERIE GETRENNTEN (ODER THEODIZEE)

Es scheint, dass es Anaxagoras (ca. 499-428 v. Chr.) zukommt, als erster den Geist von der Materie zu trennen. Der Geist oder *nous* ist die Ursache der Bewegung. Der *nous* lenkt alles mit Sinn. Er ist etwas Göttliches: unendlich, autonom, existiert für sich, allwissend und allmächtig.

Dank Anaxagoras wurde die Idee von Ordnung und Zweckmäßigkeit (Teleologie) zu einem philosophischen Konzept, das einen enormen Einfluss ausübte, insbesondere in der sogenannten natürlichen Theologie, nachdem sie über den Sinn und Zweck des Kosmos hinaus zur Idee eines göttlichen Geistes, allwissend und schöpferisch, aufgestiegen war (...).40

Doch es wird Platon (ca. 427-347 v. Chr.) sein, der die "Welt der Ideen" als reine Realitäten frei von jeglicher Materie definieren wird. Sie werden das Objekt intellektueller Arbeit sein und das wahre Wissen gewährleisten. Für Platon sind die Ideen die Realität. Das Wahre ist die "Welt der Ideen".

Aristoteles nimmt die "Ideen" aus Platons Welt, setzt sie aber wieder in die Materie ein: Körperliche Dinge bestehen aus Materie und Form. Bei Aristoteles kann der Verstand, der eine geistige Fähigkeit ist, nur das Wesen jedes Seienden (Quiddität) oder das abstrakte Wesen erfassen: Ein Objekt ist an sich umso intelligibler, je weniger es von den Bedingungen der Materie abhängt. Sankt Thomas wird diese Lehren bestätigen und sagen, dass die Grundlage der Erkenntnis die Immateriabilität ist.

Aristoteles unterschied drei Arten von Immateriabilität (Intelligibilität) in den zu erkennenden Objekten. Die intellektuelle Operation, die erforderlich ist, um diese Immateriabilität (Intelligibilität) zu erreichen, wird Abstraktion genannt und ist in jedem der drei Fälle unterschiedlich.

Im allgemeinen Sinne des Wortes bedeutet Abstraktion, in einem Objekt ein

Element, einen Aspekt, abseits von den anderen zu betrachten -von denen man laut einer sehr ungeeigneten gebräuchlichen Ausdrucksweise "abstrahiert", obwohl es in Wirklichkeit untrennbar von ihnen ist.[41]

Grundsätzlich ist Abstraktion der Akt, durch den der Verstand (...) das Intelligible von den materiellen Bedingungen trennt, in denen es in der sinnlichen Wahrnehmung involviert ist.[42]

Die drei Arten von Unkörperlichkeit entsprechen drei aufeinanderfolgenden Abstraktionsgraden. Mit zunehmender Befreiung des Verstands von der individuellen Materie wird jeder aufeinanderfolgende Grad der Abstraktion eine perfektere Intelligibilität des erreichten Objekts bestimmen, die einer bestimmten Wissenschaft entspricht.

Das Sein an sich ist intelligibel. In Gegenwart eines Verstandes ist es intelligibel, so wie es ist. Und der Verstand ist an sich selbst für die gesamte Breite des Seins offen. Wir müssen jedoch klarstellen, dass der Verstand Bedingungen unterliegt, die ihn begrenzen. Alles, was über das Sinnliche hinausgeht, ist an sich selbst intelligibler und dennoch für uns weniger intelligibel. Das Sinnliche, das an sich selbst weniger intelligibel ist, wird uns durch Abstraktion vom Materiellen intelligibler. So wiederholen wir, dass Gott an sich selbst am intelligibelsten ist, aber für uns am wenigsten intelligibel ist. Wir erreichen ihn nur aus der sinnlichen Welt heraus und nach harter geistiger Arbeit.

Diese drei Arten von Abstraktion beziehen sich auf die physikalischen Wissenschaften, die Mathematik und die Metaphysik. Der der Metaphysik entsprechende Begriff, den Sankt Thomas prägte, lautet *separatio*, Trennung. Oft sprechen einige Gelehrte von "drei Abstraktionsgraden", um sich auf sie zu beziehen. Dieser Begriff wurde jedoch nie von Sankt Thomas verwendet.

Die Wissenschaften über bestimmte Objekte müssen die Aspekte, die sie betrachten, "isolieren", das heißt, abstrahieren. Die Metaphysik hingegen behandelt das konkrete Subsistierende und die trennbaren Prinzipien, die zu seiner Konstitution beitragen (Akt und Potenz, Materie und Form, Wesen und Seinsakt). Daher prägt Sankt Thomas den Begriff separatio (Trennung), um sich auf diese besondere Methode der Metaphysik zu beziehen, die darin besteht, als trennbar anzuerkennen, was in der Realität getrennt ist. Er sagt: "In jenen Dingen, die nach dem Sein geteilt werden können, findet eher Trennung als Abstraktion statt" (In Boet. de Trinitate, q. V, a. 3).[43]

Das heißt, abstrahieren bedeutet richtig isolieren, was verbunden ist. Dies geschieht in den Naturwissenschaften und in der Mathematik. Abstrahieren bedeutet, das Verbundene zu unterscheiden.

In der Metaphysik wird unrichtig abstrahiert. Daher ist es angebracht, von Trennung zu sprechen. Dies liegt daran, dass der Metaphysiker mit separierbaren Begriffen arbeitet, Begriffen, die nicht nach dem Sein verbunden sind.

In der Metaphysik bedeuten "abstrakt" und "getrennt" nicht getrennt von der Existenz, sondern lediglich losgelöst von den materiellen Bedingungen dieser Existenz. Das Sein, das Objekt der Metaphysik, ist konkret. Die Metaphysik ist keine Wissenschaft von Konzepten ohne Verankerung in der Realität. Sie ist eine Reflexion über die Seienden, deren Grundlage in der objektiven natürlichen Realität, in der konkreten Realität der Seienden und der Tatsachen liegt. Die Metaphysik ist kein logisches Spiel, bei dem Worte und Argumente aufeinanderprallen. Im Gegenteil, der Metaphysiker ist der realistischste der Weisen.

Die Präzision des Subjekts führt uns zur Präzision seines Objekts. Die objektiven Bereiche des Wissens werden durch die Abstraktionsarten bestimmt (...).[44]

Im ersten Abstraktionsmodus wird die Materie abstrahiert, die das Prinzip der Individualität ist *(materia separata)*, aber die Materie, die in den Teil der sinnlichen Qualitäten gehört, bleibt erhalten *(materia* *sensibilis)*. Durch ihre Erhaltung wird der Aspekt der Beweglichkeit der Dinge aufrechterhalten. Daher wird auf die individuelle Materie verzichtet und das bewegliche Seiende studiert.

Dies ist die Abstraktionsweise der Physik. Laut *Ioannis a Sancto Thoma* abstrahiert man nur von der individuellen Materie und betrachtet die sinnliche Welt". Maritain betont, dass durch diese Abstraktionsweise "der Geist abstrahierte und gereinigte Objekte nur von der Materie betrachten kann, soweit sie die Vielfalt der Individuen innerhalb der Art begründet, soweit sie das Prinzip der Individualität ist; ... der Geist betrachtet dann die Körper in ihrer beweglichen und sinnlichen Realität, die Körper mit ihren experimentell nachweisbaren Eigenschaften und Qualitäten; ein solches Objekt kann weder ohne Materie und die mit ihr verbundenen Qualitäten existieren, noch ohne sie gedacht werden. (*Degrés*, Seite 71)".[45]

Im zweiten Abstraktionsmodus wird die *materia sensibilis* abstrahiert, während das materielle Fundament der Quantität, das als *materia intelligibilis* bezeichnet wird, beibehalten wird. Dabei wird auf die sinnliche Materie verzichtet und das *quantum*-Seiende, die Quantität, studiert.

Dies ist die Abstraktionsweise der Mathematik, die laut *Ioannis a Sancto Thoma* "außerdem von der sinnlichen Materie abstrahiert und die Quantität betrachtet". Für Maritain kann "der Geist Objekte abstrahieren und von der Materie reinigen, indem er im Allgemeinen die sinnlichen, aktiven und passiven Eigenschaften der Körper begründet; dann betrachtet er nur eine bestimmte Eigenschaft, die von den Körpern getrennt ist... die Quantität, den Namen oder die Ausdehnung an sich: ein Objekt des Denkens, das ohne die sinnliche Materie nicht existieren kann, aber ohne sie gedacht werden kann" (op. cit., S. 71-72).[46]

Schließlich wird **im dritten Abstraktionsmodus oder *Separatio*** jegliche Materie und Bewegung abstrahiert. Man befindet sich im rein Immateriellen, das spirituelle Realitäten (Gott und die Engel) und erste Begriffe (das Sein, die Transzendentalien, usw.) umfasst.

Dies ist die Abstraktionsweise der Metaphysik, die laut *Ioannis a Sancto Thoma* "sogar von der intelligiblen Materie abstrahiert und die Substanz oder das Sein betrachtet". Für Maritain findet diese Abstraktionsweise statt, wenn der Geist "Objekte abstrahieren und von jeglicher Materie reinigen kann, indem er in den Dingen nur das eigene in sie eingebettete Sein, das Sein als solches und seine Gesetze, bewahrt: Denkobjekte, die nicht nur ohne Materie gedacht werden können, sondern auch ohne sie existieren können, sei es, dass sie niemals in der Materie existieren, wie Gott und die reinen Geister, sei es, dass sie sowohl in materiellen als auch in immateriellen Dingen existieren, wie die Substanz, die Qualität, der Akt und die Potenz, die Schönheit, die Güte usw." (op. cit., S. 73-74).[47]

Es ist jedoch wichtig festzuhalten, dass die Metaphysik trotz ihrer maximalen Abstraktion durch ihre Methode immer von der sinnlichen Realität ausgeht. Sie ist keine Wissenschaft der reinen Abstraktion, keine Wissenschaft von Abstrakta. Sie ist eine Wissenschaft der Realitäten, die von der Realität ausgeht, von dem, was ist.

Indikieren wir jedoch bereits jetzt, um Irrwege zu vermeiden, dass "abstrakt" und "getrennt" im Zusammenhang mit der metaphysischen Reflexion keineswegs eine Trennung von der Existenz bedeuten, sondern lediglich von den materiellen Bedingungen dieser Existenz abgelöst sind. Das Sein, das Objekt der Metaphysik, ist von höchster Konkretheit.[48]

Zusammenfassend:

(...) Der erste Bereich -lesen Sie: der objektive Bereich des Wissens- *ist der physikalische Bereich, der sich aus den Objekten zusammensetzt, die von der individuellen sinnlichen Materie abstrahieren, jedoch nicht von der gemeinsamen sinnlichen Materie; der zweite Bereich, der mathematische Bereich, umfasst die Objekte, die nicht nur von der individuellen Materie, sondern auch von der gemeinsamen Materie (sinnliche Eigenschaften) abstrahieren und nur die körperliche Grundlage*

der Quantität (intelligible Materie) als Referenz behalten; der dritte Bereich, der metaphysische Bereich, umfasst die Objekte, die von jeglicher Materie abstrahieren, weil sie in ihrer Vorstellung und Existenz nicht an sie gebunden sind.[49]

Erkenntnis Gottes

In dieser Dimension der Metaphysik als Wissenschaft, die sich mit dem von Materie getrennten beschäftigt, ist ihr Hauptgegenstand Gott. Sie ist auf das natürliche Wissen von Gott ausgerichtet, der Erste Ursache unter allen Ursachen, Ursache des Seins des Seienden und letztes Ziel alles Seienden. Diese Erkenntnis ist nicht das Wissen, das Gott von sich selbst hat. Es ist auch nicht das Wissen, das Gott den Menschen durch Offenbarung übermittelt hat. Die metaphysische Erkenntnis ist rein rational und als solche begrenzt, um in all ihrer Fülle zu erfassen, was Gott ist, wie seine Essenz ist. Wir stehen vor der unbewegten und unendlichen Ersten Ursache, die unsere endliche Vernunft herausfordert und den Widrigkeiten der Bewegung unterworfen ist.

Es sei gesagt, dass, obwohl Aristoteles diesen Aspekt der Metaphysik als Theologie bezeichnete, der Begriff nicht vollständig angemessen ist. Es ist eher angebracht, von Theodizee oder gegebenenfalls von natürlicher Theologie zu sprechen. Und den Begriff Theologie für das Wissen von Gott aufgrund der Offenbarung zu verwenden.

Diese Dimension untersucht auch die anderen getrennten Sein oder "getrennten Intelligenzen", die wir Engel nennen und die von Sankt Thomas eingehend untersucht wurden.

Die Theodizee wird uns ein vollständiges Verständnis der transzendentalen Wahrheit des Seins geben. Wir werden sehen, dass die Beziehung zur göttlichen Intelligenz eine notwendige, konstitutive Beziehung des Seins in seiner eigenen Essenz ist. Tatsächlich kann Gott nicht aufhören, die Seienden, die er in der Zeit zum Sein bringt, ewig zu erkennen (scientia visionis), und er kann nicht aufhören, ewig das Mögliche zu erkennen, das heißt die unendlich vielen Arten, in denen seine Essenz nachgeahmt wird (scientia simplicis intelligentiae). Daraus folgt, dass, wenn es keine menschliche Intelligenz gäbe, die Dinge immer noch wahr wären, aufgrund ihrer Beziehung zur höchsten Intelligenz. Wenn wir jedoch hypothetischerweise (die an sich absurd ist) das Verschwinden nicht nur aller geschaffenen Intelligenz, sondern auch der göttlichen Intelligenz annehmen, gäbe es absolut nichts Wahres mehr.[50]

8. DIE METAPHYSIK ALS WISSENSCHAFT DES SEINS ALS SEIN (ODER ONTOLOGIE)

Es gibt eine bestimmte Wissenschaft, die das Sein als Sein und die Attribute, die notwendigerweise zum Sein gehören, studiert. Diese Wissenschaft ist nicht dasselbe wie eine der sogenannten Einzelwissenschaften; denn keine der anderen Wissenschaften versucht, das Sein als solches im Allgemeinen zu studieren, sondern sie schneiden einen Teil davon ab und studieren die Zufälligkeiten dieses Teils. Dies tun zum Beispiel die mathematischen Wissenschaften. Aristoteles.[51]

Der Objekt der Metaphysik (oder ihr Subjekt) ist das Sein als Sein.

Das, was Sein hat, kann als Seiende bezeichnet werden (ähnlich wie das, was Leben hat, als Lebendiges bezeichnet wird). Die Metaphysik ist die Wissenschaft, die das Seiende als Seiendes studiert.[52]

Um Missverständnisse zu vermeiden, ist es besser, zwischen dem Sein, das ist, oder dem Seienden zu unterscheiden, und dem, was dem Seienden das Sein gibt, nämlich der eigentlichen Seinsakt. Was das Seiende sein oder existieren lässt. Wir werden diese Konzepte vorerst nicht vertiefen, da sie in den Kapiteln 3 und 4 des Buches I der Serie erklärt wurden und in den folgenden Büchern ausführlich behandelt werden.

Sankt Thomas beobachtet, dass der Begriff "Metaphysik" auf die transphysische Dimension der Realität hinweist, auf diesen tiefen Aspekt, der "jenseits" des Sinnlichen liegt, obwohl er im Sinnlichen vorhanden ist. Wenn es Platons Verdienst war, das Intelligible vom Sinnlichen zu "trennen", war es sein Nachteil, es in einer von der Physik getrennten Welt anzunehmen.[53]

Daher können wir sagen, dass der Objekt der Metaphysik das Sein als Sein ist. Das ist auch ihr Subjekt. Es ist jedoch genauer zu sagen, dass sie das Seiende als Seiendes studiert. Das Seiende, soweit es Sein hat. Das Seiende, soweit es ist.

Während die anderen Wissenschaften die Seienden unter verschiedenen

Aspekten studieren, untersucht die Metaphysik das Sein der Seienden als Sein.

Was die Notwendigkeit einer solchen Wissenschaft betrifft, einer Wissenschaft des Seins als solches und ihrer ersten Ursachen, hat Sankt Thomas nicht die Zögern, die die modernen Geister beunruhigen. Es scheint ihm offensichtlich zu sein, dass das Wissen nicht einfach durch die Summe einzelner Wissenschaften gebildet werden kann (...).[54]

Ist es nicht klar, dass keine einzelne Wissenschaft das Thema, dem sie sich widmet, erschöpfen kann? Die Mathematik betrachtet das Sein in Bezug auf die Quantität, die Physik betrachtet es in Bezug auf die Veränderung: Welche Wissenschaft betrachtet es abstrahiert von beiden, als Sein und unterliegt den allgemeinen Bedingungen des Seins?[55]

Sankt Thomas erklärt in seinem *Kommentar zur Metaphysik von Aristoteles*, Buch IV, Lektion 1:

529-(...) Nun, da eine Wissenschaft nicht nur ihr Subjekt untersuchen sollte, sondern auch die spezifischen Attribute ihres Subjekts, sagt er zuerst, dass es eine Wissenschaft gibt, die das Sein als Sein untersucht, als ihr Subjekt, und auch "die Attribute, die notwendigerweise dazu gehören", das heißt, seine eigenen Akzidenzien.

530-Er sagt "als Sein", weil die anderen Wissenschaften, die sich mit bestimmtem Sein befassen, betrachten zwar das Sein (da alle Subjekte der Wissenschaften Seiende sind), aber sie betrachten das Sein nicht als Sein, sondern als eine bestimmte Art von Sein. Zum Beispiel die Zahl, die Linie, das Feuer oder ähnliche Sein.

531-Er sagt auch "und die Attribute, die notwendigerweise zum Sein gehören", und nicht nur die, die zum Sein gehören, um zu zeigen, dass es nicht Aufgabe dieser Wissenschaft ist, die Attribute zu betrachten, die zufällig zu ihrem Subjekt gehören, sondern nur diejenigen, die notwendigerweise dazu gehören. Tatsächlich betrachtet die Geometrie nicht, ob ein Dreieck aus Bronze oder Holz ist, sondern betrachtet es absolut nur, wenn es drei Winkel hat, die gleich zwei rechte Winkel sind. Daher sollte eine Wissenschaft dieser Art, deren Subjekt das Sein ist, nicht alle Attribute betrachten, die zufällig zum Sein gehören, da sie dann die Akzidenzien untersuchen würde, die von allen Wissenschaften untersucht werden; denn alle Akzidenzien gehören zu einem Sein, aber nicht insofern es Sein ist. Denn die Akzidenzien, die eigene Akzidenzen einer untergeordneten Sache sind, stehen zufällig in Beziehung zu einer übergeordneten Sache; zum Beispiel sind die eigenen Akzidenzien des Menschen nicht die eigenen Akzidenzien des Tieres.[56]

Daher ist die Metaphysik keine spezielle Wissenschaft wie die anderen, und das aufgrund ihres Studiengegenstandes. Sankt Thomas fährt fort:

532-Dann zeigt (Aristoteles), dass diese Wissenschaft keine der speziellen Wissenschaften ist, und er verwendet das folgende Argument. Keine spezielle Wissenschaft betrachtet das universelle Sein als solches, sondern nur einen Teil davon, der von den anderen getrennt ist; und über diesen Teil studiert sie die spezifischen Akzidenzien. Zum Beispiel studieren die mathematischen Wissenschaften eine Art von Sein, das quantitative Sein. Aber die gemeinsame Wissenschaft betrachtet das universelle Sein als Sein, und deshalb ist sie nicht dasselbe wie eine der speziellen Wissenschaften.[57]

Um es zusammenzufassen, können wir das Behandelte folgendermaßen darstellen:

Die anderen Wissenschaften stellen Fragen, forschen und geben Antworten zu einem grundlegenden Thema: wie bestimmte Arten von Seienden strukturiert sind, woraus sie bestehen und wie sie sich verhalten. Jede Wissenschaft hat ihr materielles Objekt (mit welchen Arten von Seienden sie sich befasst) und ihr formales Objekt (aus welcher Perspektive, mit welchem Licht sie es studiert). Ein und dieselbe Sache (zum Beispiel ein Stück Ton) interessiert die Mineralogie, die Geschichte, die Anthropologie, die Architekturtheorie usw. Das materielle Objekt wird aus verschiedenen Blickwinkeln betrachtet, aus verschiedenen Formalitäten des Objekts. Das materielle Objekt der Metaphysik ist das Seiende, das heißt die Gesamtheit der Dinge; das formale Objekt ist das Seiende als Seiendes.[58]

9. DIE ERSTEN PRINZIPIEN[59]

(...) Jede Wissenschaft hat ihre Prinzipien und ihr spezifisches Objekt; aber das Ensemble der Wissenschaften muss eigene Perspektiven hinsichtlich des umfassenden Objekts des Wissens haben und Prinzipien besitzen, die ein gemeinsames Fundament für das Gebäude des menschlichen Wissens bilden.[60]

Dieses Thema hat zwei tief miteinander verbundene Dimensionen: die logische und die ontologische. Die Ersten Prinzipien sind logische Urteile. Aber als solche beziehen sie sich auf die Realität. Auf das Seiende. Daher haben sie eine ontologische Grundlage. Diese Urteile sprechen über diese Realitäten. Sie sind keine abstrakten Formulierungen. Es sind Aussagen, die auf dem Sein der Seienden beruhen. Sie sind Gesetze der intelligiblen Wirklichkeit. Erste Wahrheiten und Grundlagen aller Gewissheiten.

Aristoteles wird sagen, dass unser Verständnis in Bezug auf die Ersten Prinzipien der Seienden steht, die in der Natur äußerst klar sind, wie das Auge der Eule in Bezug auf die Sonne.

Sankt Thomas wird im Buch I, Kapitel VII des Werkes *Summa contra Gentiles* sagen:

Das natürliche Wissen der Ersten Prinzipien wurde von Gott in uns eingegossen, da er der Schöpfer unserer Natur ist. Die göttliche Weisheit enthält daher diese Ersten Prinzipien. Alles, was gegen sie steht, steht also auch gegen die göttliche Weisheit. Dies ist bei Gott nicht möglich. Folglich können die Wahrheiten, die wir durch göttliche Offenbarung besitzen, dem natürlichen Wissen nicht widersprechen.[61]

Gallus Manser spricht von den "Ersten und höchsten demonstrativen Prinzipien". Und sagt, dass sie mit den "höchsten transzendentalen Konzepten" verbunden sind. Das Konzept des Seins steht an der Spitze letzterer. Und deshalb verdienen sie es, "ontologische Prinzipien oder Prinzipien des Seins" genannt zu werden.

Es ist wahr, dass sich dieses Kapitel manchmal auf die Logik bezieht und dabei behauptet, dass diese Prinzipien die höchsten Regulatoren unserer rationalen Tätigkeit sind, was richtig ist. Aber es ist nicht weniger wahr, dass die Ersten Prinzipien vor allem als objektive Gesetze des Seins -und so werden sie uns unmittelbar gegeben - einen vorrangigen Wert haben. Daher ist es wirklich- wie Aristoteles sehr klar sagte - die Untersuchung des Seins als Sein, die sich tatsächlich mit diesen ersten Wahrheiten befasst.[62]

Diejenigen, die uns interessieren, sind die metaphysischen Ersten Prinzipien. Das heißt: Die speziellen Prinzipien jeder Wissenschaft interessieren uns nicht. Wir interessieren uns für die Prinzipien, die jegliche rechte wissenschaftliche Erkenntnis regieren. Diese Prinzipien sind jedem Seienden gemeinsam und absolut für alle Wissenschaften gültig. Die speziellen Prinzipien jeder einzelnen Wissenschaft müssen notwendigerweise auf die metaphysischen Ersten Prinzipien verweisen, sonst würden sie in der Irrealität, im Nicht-Sein, verweilen. Die metaphysischen Ersten Prinzipien sind die Wahrheiten, die alle Demonstrationen regieren.

Keine der Wissenschaften betrachtet es als ihre Aufgabe, die Diskussion über die Ersten Prinzipien des Seins und der Erkenntnis zu führen, denn da diese Prinzipien allen Wissenschaften gemeinsam sind, gibt es keinen Grund, warum eine von ihnen, unter Ausschluss der anderen, ihre Untersuchung und Verteidigung in Angriff nehmen sollte. Jede Wissenschaft bedient sich dieser Prinzipien entsprechend der Art der behandelten Materie; keine von ihnen jedoch in ihrer gesamten Fülle, insofern sie tatsächlich Prinzipien sind.[63]

Aristoteles nennt sie ***Axiome***:[64]

Es ist offensichtlich, dass die Untersuchung dieser Axiome auch zu einer Wissenschaft gehört, nämlich der Wissenschaft des Philosophen; denn sie gelten für alle existierenden Dinge und nicht für eine bestimmte Klasse, die separat und unterschieden von den anderen ist. Darüber hinaus verwenden sie alle Denker –denn sie sind Axiome des Seins als Sein, und jede Gattung besitzt das Sein–, verwenden sie jedoch nur in dem Maße, wie es ihre Zwecke erfordern; d.h., soweit sich die Gattung erstreckt, über die sie ihre Beweise führen. Da diese Axiome auf alle Dinge als Sein zutreffen (denn dies ist das Gemeinsame an ihnen), obliegt es demjenigen, der das Sein als Sein studiert, auch, sie zu untersuchen.[65]

Sie sind **erste** Prinzipien, weil sie keiner vorherigen Vorstellung zugeordnet werden können. Daher sind sie absolut einfach.

Diese ersten Aussagen beziehen sich, wie ihr eigener Name "Prinzip" zeigt, auf das gesamte Wissensgebiet, das auf ihnen ruht oder sie impliziert und notwendigerweise voraussetzt.[66]

Die Ersten Prinzipien sind wahr, notwendig und unmittelbar (*per se notae*, wie es Sankt Thomas sagen würde).

Diese Prinzipien drücken die universellen und notwendigen Gesetze jedes Seins aus und sind universell und notwendig in Bezug auf alle Geister. Nicht sicherlich in dem Sinne, dass jeder ihre abstrakte Formel kennt - das Ergebnis langer und mühsamer philosophischer Reflexion -, sondern in dem Sinne, dass alle, die vernünftig sind, sobald ihr Verstand erwacht, sie anwenden, akzeptieren und gezwungen sind, gegen sich selbst Gewalt anzuwenden, um an ihnen zu zweifeln, von denen sie sich andererseits bedienen, um ihren Zweifel zu rechtfertigen.[67]

Sie sind **notwendig**, denn ohne sie ist wissenschaftliches Wissen unmöglich. Es würde an einer festen Grundlage für alle Aussagen fehlen. Ohne die Ersten Prinzipien würde die Wissenschaft nicht über reine Hypothesen hinauskommen.

Sie sind **unmittelbar**, denn sie ermöglichen die Erkenntnis der Wahrheit ohne Vermittler oder Mittelbegriffe. Es genügt, dass die Bedeutung der Bestandteile dieses Ersten Prinzips erfasst wurde, damit der

Umfang der Aussage offensichtlich wird. Daher sagen wir, dass sie an sich selbst bekannt sind. Sie sind **evident**.

(...) Die natürliche Vernunft erfasst diese von sich aus offensichtlichen Prinzipien im intelligiblen Seienden, dem ersten von unserer Intelligenz im Sinnlichen erkannten Gegenstand; aber sie könnte sie noch nicht in genauer und allgemeiner Weise formulieren.[68]

Wir nennen die Ersten Prinzipien absichtlich "Geber der Evidenz". Sie verleihen dem Sein der Dinge nicht die ontologische Notwendigkeit., sondern sie geben dem Verstand die Evidenz, damit er die bestehenden Beziehungen zwischen den Sein der Dinge richtig sehen und dadurch die Sicherheit des Wissens erlangen kann.[69]

Alles, was wir kennen, kennen wir durch die Sinne. Für Sankt Thomas wie für Aristoteles ergibt sich das Wissen aus der sinnlichen Erfahrung. Diese Aussage gilt auch für die Ersten Prinzipien.

Wir können daher sagen, dass die Ersten Prinzipien **keine angeborenen Wahrheiten sind**. Nur unser Verstand ist angeboren. Wir werden uns der Ersten Prinzipien bewusst, wenn unsere Erkenntnisfähigkeiten durch sinnliche Objekte bestimmt wurden.

Das zuerst Erkannte ist nicht die Handlung oder die Phänomene oder das Ich, sondern das intelligible Seiende und die Ersten Prinzipien, der primäre Gegenstand der natürlichen Vernunft.[70]

Wir erfassen die Ersten Prinzipien nicht unmittelbar. Wir erfassen sie im Zusammenhang mit diesem oder jenem wahrgenommenen Seienden. Wir können uns nicht zu universellen Formeln über jedes Seiende erheben, sondern erst nachdem wir die gemeinsame Idee des Seins entwickelt haben.[7]

Sie sind nicht angeboren, aber sie sind der Natur unserer Intelligenz eigen, weil sie sich natürlich aus ihrer Ausübung ergeben. Jeder Verstand besitzt sie notwendigerweise, solange er tätig ist.

(...) Der natürliche Verstand erfasst die Ersten Prinzipien im intelligiblen Sein (Seiende), *dem Gegenstand der ersten intellektuellen Erfassung. Von diesem Moment an erscheinen diese Prinzipien nicht nur als Gesetze des Geistes oder der Logik, nicht nur als experimentelle Gesetze der Phänomene, sondern auch als notwendige und universelle Gesetze des intelligiblen Seins* (Seienden) *oder der Realität, dessen, was ist oder sein kann.*[72]

Sankt Thomas lehrt im Buch IV Kapitel XI von *Summa contra gentiles*:

Denn unser Verstand erkennt einige Dinge von Natur aus, zum Beispiel die Ersten Prinzipien des Intelligiblen, deren intelligible Konzepte, die als innere Verben bezeichnet werden, in ihm existieren und von ihm von Natur aus hervorgehen. Es gibt auch einige Intelligible, die der Verstand nicht von Natur aus erkennt, sondern durch das rationale Denken, deren Konzepte nicht von Natur aus in unserem Verstand sind, sondern mühsam erworben werden.[73]

Der Verstand kann in Bezug auf diese Ersten Prinzipien niemals irren. **Sie sind absolut sicher**, der tiefste Grund für die Sicherheit des Wissens. Die Wahrheit unserer Urteile und Argumentationen stützt sich auf ihre Evidenz.[74] Das, was von Natur aus erkannt wird, ist uns ohne rationales Denken offensichtlich, wie es bei den Ersten Prinzipien der Fall ist.

Sankt Thomas lehrt im Buch IV, Kapitel LIV von *Summa contra gentiles*:

Die Erkenntnis, mit der der Mensch zum letzten Ziel strebt, muss äußerst gewiss sein, da sie das Prinzip für alles ist, was zum letzten Ziel strebt, so wie die Ersten Prinzipien, die von Natur aus erkannt werden, äußerst gewiss sind. Aber man kann keine äußerst gewisse Erkenntnis von etwas haben, es sei denn, es ist an sich offensichtlich, wie die Ersten Prinzipien der Demonstration, oder es wird auf das reduziert, was für uns offensichtlich ist, wie es bei uns der Schluss der Demonstration ist.[75]

Davon ausgehend, dass der Verstand in Bezug auf die Ersten Prinzipien nicht irrt, müssen wir dennoch sagen, dass er manchmal bei den Schlussfolgerungen, die er aus den Ersten Prinzipien zieht, irrt. Dies ist offensichtlich aufgrund der Fragilität des menschlichen Verstandes.

Weder die Alten noch die Modernen haben sich auf die genaue Bestimmung der Ersten Prinzipien und ihrer Anzahl geeinigt. Zum Beispiel wurde im Mittelalter folgender Logischer Vorschlag unter den Ersten Prinzipien bevorzugt: *Das Ganze ist größer als der Teil.* In Wirklichkeit ist jedoch nicht jedes Prinzip ein Erstes Prinzip.

Heutzutage werden sie in der Regel auf drei reduziert:

Prinzip des Widerspruchs
Prinzip der Identität
Prinzip des Ausgeschlossenen Dritten

Das **Prinzip des ausreichenden Grundes** oder **Prinzip des Seinsgrundes** könnte hinzugefügt werden. Es muss jedoch festgestellt werden, dass es keine Übereinstimmung unter den Thomisten über dessen Einbeziehung gibt, ohne dabei zu übersehen, dass weder Aristoteles noch Sankt Thomas darauf Bezug genommen haben. Darüber hinaus wird es in ihrer Metaphysik als selbstverständlich vorausgesetzt. Ungeachtet dessen fügt der Verfasser dieser Zeilen noch ein Kapitel hinzu, um auf dessen Bedeutung hinzuweisen.

Wir müssen auch klären, dass weder der Identitätsgrundsatz noch explizit als Erstes Prinzip genannt wurden. Es besteht jedoch Übereinstimmung unter den Thomisten, ihn einzubeziehen.

Wir können mit den Worten des Engelsdoktors in seinem *Kommentar zur Metaphysik des Aristoteles* enden, die sehr passend sind, um alles Gesagte zusammenzufassen:

Denn Erste Prinzipien werden durch das natürliche Licht des Intellectus agens bekannt. Sie werden nicht durch irgendeinen Prozess des Schlussfolgerns erworben, sondern indem ihre Termini bekannt werden. Dies geschieht, weil das Gedächtnis von sinnlichen Dingen abgeleitet wird, die Erfahrung vom Gedächtnis und das Wissen von diesen Termini aus der Erfahrung stammt. Und wenn sie bekannt sind, werden gemeinsame Aussagen dieser Art, die die Prinzipien der Künste und Wissenschaften sind, bekannt. Daher ist offensichtlich, dass das sicherste oder festeste Prinzip ein solches sein sollte, bei dem kein Fehler möglich ist; dass es nicht hypothetisch ist; und dass es demjenigen, der es hat, natürlich kommt.[76]

10. DIE HIERARCHIE DER ERSTEN PRINZIPIEN

Die ersten Prinzipien sind einem übergeordnet, das das erste von allen ist. Sie hängen von ihm ab, insofern und soweit es das bekräftigt, was dem Sein des Seienden primär angemessen ist.

Aristoteles lehrt im vierten Buch seiner *Metaphysik*:

Das sicherste Prinzip von allen ist wiederum jenes, über das ein Irrtum unmöglich ist. Und dieses Prinzip ist notwendigerweise das bekannteste (denn jeder irrt sich in der Tat über die Dinge, die er nicht kennt) und es ist nicht hypothetisch. Es handelt sich hierbei natürlich nicht um eine Hypothese, die jemand besitzen muss, der irgendetwas kennt. Und das, was derjenige, der irgendetwas kennt, notwendigerweise kennen muss, ist wiederum etwas, das er bereits notwendigerweise besitzen muss, wenn er es kennenlernt. Es ist also offensichtlich, dass ein solches Prinzip das sicherste von allen ist. Lassen Sie uns nun angeben, welches dieses Prinzip ist: **Es ist unmöglich, dasselbe zur gleichen Zeit und in derselben Hinsicht sowohl gegeben als auch nicht gegeben ist** *(und welche Präzisierungen wir auch hinzufügen müssten, lassen Sie sie als Zugabe zu den dialektischen Schwierigkeiten gelten). Dies ist das sicherste aller Prinzipien, da es diese charakteristische Eigenschaft besitzt. Es ist nämlich unmöglich, dass eine Person, wer auch immer sie sein mag, glaubt, dass dasselbe sowohl ist als auch nicht ist, wie einige denken, dass Heraklit sagt. Denn es ist nicht notwendig, auch die Dinge zu glauben, die man sagt.*[77]

In Lektion 6 des vierten Buches des *Kommentar zur Metaphysik des Aristoteles* erklärt Sankt Thomas die Merkmale des höchsten dieser Prinzipien (oder wie er sagt, *des festesten Prinzips*).

Er beginnt damit, die Merkmale anzugeben, die, wie bereits von Aristoteles in dem zitierten Abschnitt festgestellt, erfüllt werden müssen.

Das erste Merkmal ist, dass niemand darüber lügen oder sich irren kann.

Dies ist offensichtlich, denn da Menschen sich nur absichtlich in Bezug auf das irren, was sie nicht wissen, muss dasjenige, über das niemand sich irren kann, am offensichtlichsten sein.

Das zweite Merkmal ist, dass es "unbedingt" ist.

Das heißt, es wird nicht als wahr angenommen aufgrund einer Annahme, wie es bei Dingen der Fall ist, die aufgrund einer Vereinbarung akzeptiert werden.

Das dritte Merkmal ist, dass es nicht durch Beweis oder auf ähnliche Weise erworben wird

(...) sondern es tritt natürlich in demjenigen auf, der es besitzt, so dass es quasi auf natürliche Weise bekannt ist und nicht durch Erwerb.

Und er schließt:

Es ist also offensichtlich, dass das sicherste oder festeste Prinzip solcher Art sein muss, dass man sich darüber nicht irren kann, dass es keine Annahme ist und dass es natürlich auftritt.

Gardeil fragt sich:

*Was ist das Erste aller dieser Prinzipien? In unseren Tagen ist dies umstritten. Für Aristoteles war das Problem gelöst (Metaphysik, Γ, Kapitel 3). Dieses Erste Prinzip muss drei Bedingungen erfüllen: Es muss am besten bekannt sein, es muss vor jedem anderen Wissen besessen werden, und es muss das sicherste von allen sein. Nun, dieses Prinzip ist zweifellos "jenes, bei dem ein Irrtum unmöglich ist", das heißt das Prinzip der Nicht-Widersprüchlich*keit.[78]

Nach Descartes ist das Prinzip: *Ich denke, also bin ich*, das Erste Prinzip. Nach Aristoteles ist das Erste Prinzip das der Widersprüchs: *Es ist unmöglich, dass eine Sache zur gleichen Zeit und in derselben Hinsicht ist und nicht ist.* Ein Prinzip, das das Prinzip der Widersprüchs voraussetzt, kann nicht das Erste Prinzip sein. Das ist der Fall bei der Aussage von Descartes. Es sei denn, das Prinzip der Widersprüchlichs wird zuerst angenommen, dann hat *Ich denke* die gleiche Bedeutung wie *Ich denke nicht*, und *Ich bin* hat die gleiche Bedeutung wie *Ich bin nicht*. Daher hat das Prinzip: *Ich denke, also bin ich*, keine bestimmte Bedeutung. Und es kann daher kein Erstes Prinzip sein.[79]

Andere Autoren behaupten, dass jede Verneinung eine Behauptung voraussetzt und daher das Prinzip des Widerspruchs, das negativ ist, eine affirmative Aussage voraussetzt, nämlich das Identitätsprinzip. Auf diese Weise hätte das Identitätsprinzip Vorrang vor dem Widerspruchsprinzip.

Es kann jedoch darauf erwidert werden: Nicht jede negative Aussage setzt zwangsläufig eine affirmative Aussage voraus. Sowohl die Verneinung als auch die Entbehrung setzen jedoch etwas Positives voraus. Das Prinzip des Widerspruchs setzt, da es aus einer Erkenntnis des Seins resultiert, etwas Positives voraus, nämlich das Sein, wie es vom Intellekt erkannt wird. Folglich behält das Prinzip des Widerspruchs Vorrang vor jedem anderen Prinzip.

11. DAS PRINZIP DES WIDERSPRUCHS

Auch als Prinzip des Nicht-Widerspruchs von einigen Thomisten bezeichnet.

Es wird von Aristoteles im Buch 4 (Γ) seiner *Metaphysik* als *das festeste aller Prinzipien* dargelegt.

Es ist das erste der Ersten Prinzipien. Es ist das Axiom aller Axiome. Alle anderen Prinzipien beziehen sich auf es. Es ist die sichere Grundlage, auf der wissenschaftliches Wissen aufgebaut wird. Das Denken schreitet voran, um Widersprüche zu vermeiden.

(...) Wenn das Prinzip des Widerspruchs unter allen Ersten Prinzipien das erste von allen ist, dann deshalb, weil es selbst als Prinzip keine Voraussetzungen hat und die Voraussetzung aller anderen Prinzipien ist, wie es von Aristoteles und Thomas betont wird.[80]

Alle anderen Prinzipien und daher alle wesentlichen oder existenziellen Aussagen werden aus diesem Prinzip abgeleitet oder unterliegen seiner höchsten regulierenden Wirkung. Mit anderen Worten: Jede Bestätigung der anderen Prinzipien und jeder diskursive Beweis wird durch Auflösung in dieser absolut ersten Evidenz erfolgen: **Sein und Nichtsein schließen sich gegenseitig aus** oder logisch betrachtet **ist es unmöglich, zur gleichen Zeit und unter der gleichen Beziehung zu bejahen und zu verneinen.**

Es erfüllt die drei Anforderungen, die Aristoteles in seiner *Metaphysik* als unerlässlich ansah, um es als das Erste unter allen Prinzipien zu qualifizieren. Nämlich:[81]

1-Es ist das sicherste Prinzip von allen. Das heißt, es ist das bekannteste und festeste aller Prinzipien, sodass niemand sich darüber irren oder es leugnen kann. Vielleicht zweifeln einige daran oder leugnen es mündlich, wie es Heraklit tat. Aber wie der Stagirit lehrt, ist es eine Sache, es mündlich auszudrücken, und eine ganz andere Sache, es tatsächlich zu denken, das heißt von seiner Wahrheit überzeugt zu sein.

2-Es ist kein Postulat, das heißt, keine Hypothese. Ein Postulat ist eine hypothetische Aussage, die keine absolute Wahrheit enthält, sondern durch Annahme etwas Wahres bedeutet, das heißt, durch die Konsequenzen ihrer Verneinung.

Daher wäre das Prinzip des Widerspruchs ein Postulat, wenn es als wahr betrachtet würde, ausgehend von der Annahme, dass das Wissen des menschlichen Intellekts wahr ist. Es sollte jedoch nicht auf dieser Annahme beruhen, sondern von allen bekannt sein, die Kenntnis von etwas anderem als dem Prinzip des Widerspruchs haben.

3-Es ist undemonstrierbar. Natürlich bekannt, das heißt unmittelbar evident. Es ist die allgemeinste Aussage, die unmittelbar aus der Kenntnis ihrer Begriffe erkannt werden kann.

Dass es natürlich bekannt ist, bedeutet nicht, dass es angeboren ist, sondern dass der Intellekt aufgrund des Einflusses seiner eigenen Natur das Prinzip des Widerspruchs unmittelbar aus der Kenntnis seiner Begriffe kennt, die er durch Erfahrung hat.

Das Prinzip des Widerspruchs offenbart uns:

1-Dass das Seiende, das heißt das, was mit der Existenz zusammenhängt, intelligible ist. Es ist transzendental wahr. Denn der Intellekt weiß, dass es unmöglich ist, dass etwas zur gleichen Zeit und in derselben Hinsicht sowohl Sein als auch Nichtsein ist, und deshalb kann er die Seienden erkennen und von anderen unterscheiden.

2-Dass der Intellekt sich dem Sein, das heißt dem, was ist, anpasst. Es zeigt die Wahrheit des intellektuellen Wissens.

Mit anderen Worten erhebt sich das Prinzip des Widerspruchs als das oberste Gesetz jeglichen Seins, jeglicher Realität und des intellektuellen Wissens. Es zeigt uns, dass dieses Wissen in dem Maße wahr ist, wie es wahr ist, das heißt in dem Maße, wie es das Sein erreicht, denn das Prinzip des Widerspruchs manifestiert sich unteilbar als wahr und wirklich.[82]

Aristoteles behauptet und verteidigt in Buch IV der *Metaphysik* gegen Heraklit und die Sophisten den realen Wert des Prinzips des Widerspruchs.

Tatsächlich bestritt **Heraklit** den realen Wert und die absolute Notwendigkeit des Prinzips des Widerspruchs. Er wiederholte: *Alles wird, nichts existiert und ist sich selbst gleich.* Er behauptete, dass der Grund von allem im ständigen Wandel liegt. Dass das Seiende wird, dass sich alles verwandelt. Dass alles vergeht und nichts bleibt. Daher stammt sein berühmter Satz, dass niemand zweimal in denselben Fluss steigen kann. Für Heraklit ist das Sein nicht. Das Seiende ist nicht. Denn alles ändert sich ständig, wir können nie sagen, dass dieses Seiende dasselbe ist wie zuvor.

Parmenides lehrte dagegen, dass der Grund von allem das unveränderliche, einzige und dauerhafte Seiende ist. Dass das Seiende ohne Veränderung, ohne jegliche Transformation existiert. Und dass das Nicht-Sein nicht ist. Dass das Nicht-Seiende nicht ist.

Parmenides war der erste Philosoph, der die Bedeutung des Prinzips des Widerspruchs erkannte. Aber er definierte es aus einer Position des extremen Realismus heraus. Er formulierte es folgendermaßen:

Das Sein ist, das Nicht-Sein ist nicht; man kann diesem Gedanken nicht entkommen

Sein ist, Nicht-Sein ist nicht; man kann diesem Gedanken Von hier aus konnte er die Vielheit und das Werden, die er ablehnte, nicht erklären. Denn wenn nur das Sein ist und das Nicht-Sein nicht ist, wie ist es dann möglich, dass das, was nicht ist, zu einem bestimmten Zeitpunkt ist; wie ist es möglich, dass das, was nicht existiert, zu einer Existenz erscheint?

(...) die Argumente von Parmenides, die im Namen des Prinzips des Widerspruchs die Vielheit und das Werden verneinen, sind nichts weiter als ein Spiel abstrakter Konzepte, die in der Realität keinen Grund haben, und das Prinzip des Widerspruchs ist nur ein Gesetz der Sprache und der niederen oder diskursiven Vernunft, die sich dieser mehr oder weniger konventionellen Abstraktionen bedient. Die höhere Vernunft oder die intuitive Intelligenz überwindet diese künstlichen Abstraktionen und gelangt zur Intuition der grundlegenden Realität, die ein ewiges Werden ist, in dem das Sein und das Nicht-Sein sich identifizieren, da das, was wird, noch nicht ist und dennoch keine reine Nichts ist. Das Prinzip des Widerspruchs (...) wird so durch den radikalen Nominalismus auf ein grammatisches Gesetz reduziert.[83]

Diverse Ausdrücke des Prinzips des Widerspruchs

1-Zwei einander widersprechende Urteile können nicht beide wahr sein, sondern eines von ihnen muss falsch sein. (In diesem Fall wird das Prinzip aus der Logik definiert).

2-Es ist unmöglich, dass eine Sache in einem Sinn zu etwas korrespondiert und in demselben Sinn nicht zu ihm korrespondiert.

3-Es ist unmöglich, gleichzeitig zu sein und nicht zu sein.

4-Dasselbe Ding kann nicht gleichzeitig in derselben Hinsicht sowohl bejaht als auch verneint werden.[84]

5-Zwei Dinge können nicht gleichzeitig sein und nicht sein, unter demselben Aspekt und im selben Subjekt.[85]

Gemäß diesem Prinzip ist das Absurde, wie ein Kreis-Viereck, nicht nur unvorstellbar, nicht nur unvorstellbar, sondern absolut unerreichbar.

Zwischen der reinen Logik des Vorstellbaren und dem konkreten Material stehen die universellen Gesetze des Realen. Hier wird bereits der Wert unserer Intelligenz zur Erkenntnis der Gesetze des extra-mentalen Seins bekräftigt.[86]

Gemäß Jan Łukasiewicz[87] hat das Prinzip des Widerspruchs bei Aristoteles drei grundlegende Formulierungen:

1-Ontologische Formulierung: *Es ist unmöglich, dass dieselbe Sache zur gleichen Zeit und im gleichen Sinne sowohl ist als auch nicht ist.* (*Metaphysik*, Buch IV, Kapitel 3, 1005b 19-20).[88]

2-Logische Formulierung: *Die stärkste Meinung von allen ist, dass gegensätzliche Aussagen nicht gleichzeitig wahr sind.* (*Metaphysik*, Buch IV, Kapitel 6, 1011b 13-14).

3-Psychologische Formulierung: *Es ist tatsächlich unmöglich, dass ein Individuum, wer auch immer es sein mag, glaubt, dass dasselbe zur gleichen Zeit sowohl ist als auch nicht ist.* (*Metaphysik*, Buch IV, Kapitel 3, 1005b 23-24).

Gardeil fragt sich, unter welcher Formel das Prinzip des Widerspruchs am besten ausgedrückt werden sollte. Sofort schlägt er dem heiligen Thomas vor:

Impossibile est eidem simul inesse et non inesse idem secundum idem

Das übersetzt:

Es ist unmöglich, zur gleichen Zeit unter dem gleichen Aspekt dasselbe zu bejahen und zu verneinen

Und sofort reflektiert er:

57

So formuliert, ist es direkt auf die geistigen Operationen bezogen, auf Zuschreibung und Nicht-Zuschreibung, auf Bejahung und Verneinung, deren Unvereinbarkeit unter bestimmten Bedingungen erklärt wird. Wenn jedoch beachtet wird, dass der Geist beim Urteilen offensichtlich durch das Reale, das ihm als Objekt dient, bestimmt wird - zum Beispiel, wenn ich urteile, dass der Himmel blau ist, weil ich sehe, dass er tatsächlich so ist -, dann ist es konformer zur eigenen Struktur des Wissens, das Prinzip in Bezug auf seinen objektiven Inhalt zu formulieren. Man wird dann sagen: "Sein ist nicht Nichtsein" - "das, was ist, ist nicht das, was nicht ist". Ens non est non ens (Übersetzt: Das Seiende ist nicht das Nichtseiende). *In der Metaphysik, wo wir uns aus der objektiven Perspektive des Seins befinden, ist offensichtlich diese objektive Formel diejenige, die unsere Vorlieben haben sollte.*[89]

Ein Seiendes kann potenziell viele gegensätzliche Dinge sein. Aber in der Wirklichkeit nicht. Eine Seidenraupe kann potenziell ein Schmetterling sein. Aber eine Seidenraupe kann nicht gleichzeitig Seidenraupe und Schmetterling sein. Ein Kind ist ein Erwachsener in Potenz. Aber ein Kind kann nicht gleichzeitig Kind und Erwachsener sein. Es ist entweder Kind in Akt oder Erwachsener in Akt.

Das Prinzip des Widerspruchs drückt keine Opposition zwischen zwei Aussagen aus, sondern zwischen zwei Ideen -Sein und Nichtsein - in einer einzigen logischen Aussage.[90]

Es besteht ein Unterschied zwischen *Widersprüchlichkeit* und *Gegensätzlichkeit*.

Zwei Aussagen sind widersprüchlich, wenn in einer das Gegenteil von dem behauptet wird, was in der anderen verneint wird. Zum Beispiel: Jeder Mensch ist sterblich, einige Menschen sind nicht sterblich. Wenn eine wahr ist, ist die andere falsch. Sie können nicht zusammen genommen werden. Sie widersprechen sich, sind nicht gegensätzlich. Sie sind widersprüchlich.

Zwei Aussagen sind gegensätzlich, wenn eine das Gegenteil von dem behauptet, was die andere von dem gesamten Subjekt verneint. Zum Beispiel: Jeder Mensch ist Europäer, kein Mensch ist Europäer. Die gegensätzlichen Aussagen können nicht beide wahr sein, aber - wie im Beispiel - beide falsch sein.[91]

Das Prinzip des Widerspruchs ist eindeutig ein Urteil über die Realität.

(...) Das Prinzip des Widerspruchs mit seiner Unvereinbarkeit von Sein und Nichtsein drückt potenziell den tiefsten realen Gegensatz aus, der das gesamte Universum beherrscht.[92]

Unbeweisbarkeit

Aus dem Prinzip des Widerspruchs lassen sich die übrigen Erkenntnisse ableiten. Durch diese Ableitung wird wissenschaftlicher Fortschritt möglich.

Es ist auf natürliche und spontane Weise aus sinnlicher Erfahrung bekannt und auf der Realität der Wesen begründet. Es besagt deutlich, dass es widersprüchlich ist, dass "ein Wesen zur gleichen Zeit und unter dem gleichen Aspekt ist und nicht ist". Es formuliert ein oberstes Gesetz des Realen. Als solches ist es das erste Prinzip der Metaphysik. Hier beobachten wir die ontologische Dimension des Prinzips des Widerspruchs.

Nun **kennen wir nicht aus dem Prinzip des Widerspruchs heraus, sondern in Übereinstimmung damit**. Es ist latent, implizit und indirekt als Prämisse jeder Argumentation vorhanden. Es sagt uns deutlich, dass es "unmöglich ist, zur gleichen Zeit dasselbe zu behaupten und zu verneinen." So ermöglicht es uns beim Nachdenken, das Absurde, das Unmögliche, das lächerliche zu verwerfen und zu sicheren Schlussfolgerungen zu gelangen. Es reguliert unsere rationale Aktivität. Deshalb ist es auch das erste Prinzip der Logik. Hier beobachten wir die logische Dimension des Prinzips des Widerspruchs.

Als erstes Prinzip lässt es sich nicht aus früheren Wahrheiten ableiten.

*Einige fordern aus Unwissenheit, dass dieses Prinzip bewiesen wird. Unwissenheit besteht tatsächlich darin, nicht zu wissen, von welchen Dingen eine Demonstration erforderlich ist und von welchen nicht. Denn letztendlich ist es unmöglich, alles zu beweisen (man würde unweigerlich in einen unendlichen Prozess geraten und somit keinen Beweis haben), und wenn es nicht erforderlich ist, von bestimmten Dingen einen Beweis zu suchen, wären solche Individuen nicht in der Lage zu sagen, welches Prinzip sie als besonders wichtig betrachten möchten.*93

Sankt Thomas kommentiert dazu:

*Er sagt zunächst, dass bestimmte Menschen es für angemessen halten, das Prinzip zu beweisen, d.h. sie wünschen es. Und sie tun dies "aus Mangel an Bildung", d.h. aus Mangel an Wissen oder Unterweisung. Denn es gibt einen Mangel an Bildung, wenn ein Mensch nicht weiß, wofür er einen Beweis suchen soll und wofür nicht, da nicht alles bewiesen werden kann. Wenn nämlich alles beweisbar wäre, dann wären die Beweise zirkulär (obwohl dies nicht wahr sein kann, denn dann wäre die gleiche Sache gleichzeitig bekannter und weniger bekannter, wie im ersten Buch der Analytik deutlich wird), oder sie müssten ins Unendliche gehen. Aber wenn es eine unendliche Regression in den Beweisen gäbe, wäre der Beweis unmöglich, weil man die Schlussfolgerung eines jeden Beweises sichert, indem man sie auf das Erste Prinzip des Beweises zurückführt (d.h. auf das Prinzip des Widerspruchs). Aber das wäre nicht der Fall, wenn der Beweis ins Unendliche in aufsteigender Richtung verlaufen würde. Es ist also offensichtlich, dass nicht alles beweisbar ist. Und wenn einige Dinge nicht beweisbar sind, können diese Menschen nicht sagen, dass kein Prinzip unvermeidbarer bewiesen ist als das oben erwähnte.*94

Man kann diejenigen widerlegen, die die Gültigkeit des Prinzips des Widerspruchs leugnen. Tatsächlich erörtert Aristoteles dieses Thema vor allem im vierten Buch der *Metaphysik*. Diese Argumente sind keine strengen Beweise. Sie sind Verteidigungen des Prinzips gegen diejenigen, die es leugnen.

Für solche Prinzipien gibt es keinen absoluten Beweis, aber es gibt sie als Ad-hominem-Widerlegung.[95]

Ansonsten sage ich, dass das widerlegende Beweisen etwas anderes ist als das Beweisen, denn wenn jemand versuchen würde, es zu beweisen, würde man urteilen, dass er eine petitio principii[96] begeht, während es, wenn der andere dies tut, widerlegt und nicht bewiesen wird.[97]

Lassen Sie uns einige dieser *Ad-hominem*-Argumentationen betrachten, die Aristoteles in seiner *Metaphysik* entwickelt:

1-Durch die Sprache, die bedeutungsvoll ist. Tatsächlich bezeichnet die Sprache Seiende, die unterschiedliche Realitäten bedeuten. Wenn dies nicht der Fall wäre, wäre alles dasselbe. Und die Kommunikation zwischen Menschen wäre unmöglich. Wenn wir "ein Mann" sagen, meinen wir nicht "ein Affe". Der Name übersetzt eine Essenz und vermittelt eine Bedeutung. Andernfalls wäre es unmöglich, sich zu verständigen. Wenn jemand spricht, gibt er seinen Worten bereits eine bestimmte Bedeutung, die sich von ihrem Gegenteil unterscheidet. Andernfalls würde er schweigen und nicht sprechen.

Und es ist nicht möglich, dass dasselbe sowohl ist als auch nicht ist, es sei denn, es handelt sich um Homonymie, zum Beispiel, wenn andere das, was wir als Mann bezeichnen, "nicht-Mann" nennen würden. Aber das Problem liegt nicht darin, ob es möglich ist, dass dasselbe Ding sowohl in Worten Mensch ist als auch nicht Mensch, sondern dass es tatsächlich so ist. Und wenn "Mann" und "nicht-Mann" keine unterschiedlichen Bedeutungen hätten, ist offensichtlich, dass das, was darin besteht, ein Mann zu sein, auch nicht von dem unterscheidbar wäre, was darin besteht, kein Mann zu sein, und folglich wäre "Mann sein" "nicht-Mann sein": sie wären tatsächlich dasselbe. (Eine gleiche Sache zu sein bedeutet tatsächlich, wie "Anzug" und "Kleid" zu sein, vorausgesetzt, dass ihre

*Aussage eine ist.) Und wenn sie dasselbe sind, haben "Mann sein" und "nicht-Mann sein" dieselbe Bedeutung.*98

2-Das Bestreiten des Prinzips des Widerspruchs setzt seine Akzeptanz voraus. Die Behauptung, dass es falsch ist, bedeutet implizit, dass das Wahre nicht gleich dem Falschen ist und somit das Prinzip akzeptiert wird, das beseitigt werden soll.

*Darüber hinaus, wenn es nicht möglich ist, irgendetwas wahrheitsgemäß zu behaupten, wäre selbst diese Aussage falsch, nämlich die Aussage, dass es keine wahren Behauptungen gibt. Nun, wenn es eine gibt, wird das, was von denen behauptet wird, die solche Schwierigkeiten aufwerfen, widerlegt und der Dialog vollständig zerstört.*99

Nicht einmal durch *reductio ad absurdum* ist es nachweisbar.

Im Allgemeinen besteht die Widerlegung durch reductio ad absurdum darin, zu zeigen, dass man sich, wenn man eine bestimmte These unterstützt, zwangsläufig widerspricht. Es ist leicht einzusehen, dass die Widerlegung durch reductio ad absurdum in diesem Fall keine Bedeutung hat, da genau die Möglichkeit des Widerspruchs vom Gegner behauptet wird. In diesem Fall soll der Gegner nicht zum Widerspruch, sondern zum Schweigen gebracht werden. Die Behauptung der Identität der Widersprüchlichen bedeutet, dass man kein anderes Objekt des Denkens mehr hat, es bedeutet tatsächlich, nichts zu denken; denn sobald man über etwas nachdenken will, muss man ein bestimmtes Objekt vor sich haben.100

Abschließende Betrachtung

Aristoteles und Sankt Thomas sind sich einig darin, dass der Widerspruchsgrundsatz unter den Ersten Prinzipien die Vorherrschaft hat. Die anderen Prinzipien finden in ihm ihren Sinn. So auch das Identitätsprinzip. Dennoch hat sich unter einigen Thomisten die entgegengesetzte Meinung durchgesetzt: die Vorherrschaft des Identitätsprinzips über das Widerspruchsprinzip. Einige betrachten sie als unterschiedlich, andere als zwei Versionen eines einzigen Prinzips: des Identitätsprinzips.

Die Frage ist folgende: Ist die Idee der Identität die erste, die erlangt wird, nach der des Seins, und ergibt sie sich dann aus beiden als erstes Prinzip, dem Identitätsprinzip? Oder setzt sie bereits das Identitätsprinzip voraus, neben der Idee des Seins, der Idee des Nicht-Seins und dem Wissen um das Widerspruchsprinzip? Ersteres wird von den Befürwortern der Vorherrschaft der Identität bejaht, letzteres von den Verteidigern der Vorherrschaft des Widerspruchs.[101]

So betrachtet beispielsweise Garrigou-Lagrange das Widerspruchsprinzip als Ausgangspunkt des thomistischen Realismus;[102] er betrachtet jedoch das Identitätsprinzip als die negative Version des vorherigen.

Zweifellos hat dieser Annäherungs- und Tendenzzug, beide Prinzipien zu identifizieren, den Vorteil, dass er scheinbar Aristoteles und Sankt Thomas gerecht wird, indem er auch dem Identitätsprinzip zuschreibt, was sie nur über das Widerspruchsprinzip sagen. Und das ist tatsächlich geschehen.[103]

Jacques Maritain hingegen gibt in seinen *Sieben Vorlesungen über das Sein* dem Identitätsprinzip Vorrang und betrachtet das Widerspruchsprinzip lediglich als logische Form des Identitätsprinzips. Als solches interessiert es nicht die Metaphysik. Er behauptet, dass die Ersten Prinzipien (*der spekulative Vernunft*, wie er hinzufügt) Identität, ausreichender Grund, Finalität und Kausalität sind.

Unabhängig von der Meinung einiger Gelehrter ist es unbestreitbar, dass sowohl Aristoteles als auch Sankt Thomas dem Widerspruchsprinzip absolute Priorität eingeräumt haben. Über ihn sprachen sie klar und ausführlich.

Abgesehen von der Poesie, die mit der Verneinung des Widerspruchsprinzips brillante Metaphern entwickelt hat, gibt es

Philosophen, die mit dem Eifer, das Radikalste der Philosophie des gesunden Menschenverstands zu leugnen, die Gültigkeit des Prinzips ablehnen. Man kann ihnen die Strenge der Logik ("alle Gegensätze wären dasselbe und alle Dinge wären eine einzige Sache") entgegensetzen; die Strenge der praktischen Evidenz ("etwas zu tun ist nicht dasselbe wie es nicht zu tun"); das bereits zuvor genannte argumentum ad hominem: Wenn man behauptet, dass das Prinzip des Nicht-Widerspruchs nicht gültig ist, muss man zugeben, dass das Prinzip des Nicht-Widerspruchs gültig ist, denn die Verneinung des Prinzips des Nicht-Widerspruchs bedeutet, dass etwas zur gleichen Zeit, im selben Subjekt sein und nicht sein kann.[104]

12. VORRANG DES WIDERSPRUCHSPRINZIPS

Man kann, gemäß Gallus Manser, einen vierfachen Vorrang des Widerspruchsprinzips unterscheiden:

Ontologischer Vorrang
Psychologischer Vorrang
Logischer Vorrang
Kriteriologischer Vorrang

Deshalb unterscheiden wir einen vierfachen Vorrang des Widerspruchsprinzips: den ontologischen Vorrang, der sich auf seinen inneren Inhalt bezieht; den psychologischen Vorrang, der ihm genetisch den ersten Platz einräumt; den logischen Vorrang, der es als den letzten und tiefsten Grund aller Beweise betrachtet, und schließlich den kriteriologischen Vorrang, der sich auf seine absolute Sicherheit bezieht.[105]

Ontologischer Vorrang

Der Inhalt des Widerspruchsprinzips besteht in der unvermeidlichen Opposition zwischen Sein und Nicht-Sein. Das Erste, was unser Verstand erfasst, ohne jegliche philosophische Unterscheidung, ist, dass das Sein nicht das Nicht-Sein ist. Dass ein Sein dieses Sein ist und nicht ein anderes Sein. Der gesunde Menschenverstand, geleitet von der natürlichen Vernunft, benötigt keine weiteren Beweise, um zu verstehen, dass ein Pferd ein Pferd und kein Elefant ist, dass ein Mensch ein Mensch und kein Nashorn ist, dass ein Lebewesen ein Lebewesen und kein Kadaver ist. Und so weiter. An der Grundlage dieses Prinzips liegt der intrinsische Widerspruch zwischen Sein und Nicht-Sein, zwischen Seiendes und Nicht-Seiendes. Und von dieser natürlichen Unterscheidung aus ergeben sich die anderen Prinzipien.

Es kann zweifellos fehlerfrei behauptet werden: In seinem ontologischen Aspekt enthält das Widerspruchsprinzip im Wesentlichen die beiden Begriffe: Sein und Nicht-Sein. Aber diese Inhalte befinden sich nur im Hintergrund. Der ontologische Inhalt des Prinzips als Prinzip besteht in der unüberwindbaren inneren Opposition zwischen beiden Begriffen, der unmöglichen Gleichheit von Sein und Nicht-Sein. Das Sein kann nicht gleichzeitig sein und nicht sein.[106]

Sankt Thomas, in seinem Kommentar zu Aristoteles, schrieb: "Das Erste, was der Verstand erkennt, ist das Seiende; das Zweite, die Negation des Seienden; aus diesen beiden Dingen folgt das Dritte, die Teilung." Der Nachweis ist einfach: Der Verstand erkennt das "Seiende", dann das "Nicht-Seiende" und danach "dieses Seiende ist nicht jenes Seiende". Tatsächlich ist in der Vorstellung des Seienden bereits die des Nicht-Seienden enthalten und damit auch die Teilung (dieses ist nicht jenes). Das Prinzip des Nicht-Widerspruchs tritt auf, sobald der Verstand ein Seiendes erkennt (ein "was ist", eine Sache); indem er erkennt, was dies ist, erkennt er, was es nicht ist und damit die Teilung zwischen einer Sache und einer anderen.[107]

Psychologischer Vorrang

Wie wir im vorherigen Untertitel gesehen haben, ist die Vorstellung vom Sein und seiner Opposition zum Nicht-Sein das erste Objekt, das unser Verstand erfasst, und währenddessen formuliert er das entsprechende Urteil: Dieses Seiende ist dieses Seiende und nicht ein anderes Seiende. Das Urteil lautet nicht: Dieses Seiende ist identisch mit sich selbst. Eine solche Aussage erfolgt erst nach der Wahrnehmung dessen, was es nicht ist.

Die ersten beiden Ideen, die wir erwerben, sind nach Aquinas' Ansicht in seinem *Kommentar zur Metaphysik von Aristoteles*, Buch XI, Vorlesung 5, das Sein und das Nicht-Sein, und aus ihnen bildet der Verstand das erste Urteil: Das Sein kann nicht gleichzeitig Nicht-Sein sein.

Logischer Vorrang

Er ist eine Konsequenz seines ontologischen Vorrangs. Die radikale reale Opposition zwischen dem Sein und dem Nicht-Sein, zwischen dem Seienden und dem Nichts, führt zum ersten Urteil, das der Verstand formuliert: Das Sein ist nicht das Nicht-Sein, das Sein ist nicht das Nichts, das Seiende ist nicht das Nicht-Seiende. Dieses logische Prinzip lenkt nachfolgende Schlussfolgerungen und bildet die Grundlage jeglichen wissenschaftlichen Denkens.

Dieses Prinzip ist so umfassend wie das Sein selbst. Zunächst hat es zweifellos seine Gültigkeit in der gesamten realen Ordnung, da das transzendental Seiende, in dem potenziell alle realen Konzepte enthalten sind, notwendigerweise real sein muss. Da jedoch auch das logische Seiende -ens rationis- durch unseren Geist im Bild des realen Seiendes -ad modum entis- geformt wird, ist das Widerspruchsprinzip für das logische Sein ebenso grundlegend wie für das reale Sein.[108]

Kriteriologischer Vorrang

Wie wir bereits gesehen haben, bezeichnete Aristoteles dieses Prinzip als das sicherste von allen. Denn niemand kann darüber irren, da es allen bekannt ist. Es ist die Grundlage für jegliches Wissen ohne jegliche Annahme, und es benötigt keine Beweise, sondern ist direkt und spontan bekannt. Da es offensichtlich ist, erlaubt es keine authentische Demonstration. Als solches wird es das Kriterium des philosophischen Unterscheidungsvermögens leiten und als "festes Fundament" (wie es von Sankt Thomas gesagt wurde) für jegliche Reflexion und Untersuchung jeder anderen spezifischen Wissenschaft dienen.

Somit sichert das Widerspruchsprinzip seinen Vorrang in allen Bereichen. Der ontologische Vorrang: Denn nicht nur alle anderen Prinzipien, sondern auch das Identitätsprinzip haben ihre Gültigkeit im Widerspruchsprinzip, das die letzte Ursache für die Einheit des Seins birgt. Der psychische Vorrang: Denn genetisch betrachtet ist es das erste Urteil des Verstandes, da auch das Identitätsprinzip die Vorstellung des Nicht-

Seins und dessen interne Unvereinbarkeit mit dem Sein voraussetzt. Der logische Vorrang: Denn es ist das tiefste Prinzip und somit das erste unter allen Beweisen und beweisenden Prinzipien. Der kriteriologische Vorrang: Denn jede Infragestellung seiner Sicherheit macht die Verneinung selbst unmöglich und wird somit zum Zeugnis dieser Sicherheit.[109]

13. DAS PRINZIP DER IDENTITÄT

Weder Aristoteles noch Sankt Thomas erwähnen es in der Liste der metaphysischen Ersten Prinzipien. Keiner von ihnen erwähnt dieses Prinzip explizit.

Dennoch drückt Aristoteles in den Ersten Analytiken den Gedanken der Identität aus, wenn er sagt:

(...) denn alles Wahre muss in jeder Hinsicht mit sich selbst übereinstimmen.[110]

Da das Seiende eins und wahr ist, können wir den vorherigen Satz in folgenden umwandeln:

Jedes Seiende muss absolut mit sich selbst übereinstimmen

Und wir würden in anderen Worten dasselbe wie Aristoteles ausdrücken.

Das Prinzip der Identität bedeutet die Einheit des Seienden, wodurch das Sein Sein ist, das Seiende Seiende, das Werden Werden, das Nicht-Sein Nicht-Sein usw.

Das Problem stellt sich jedoch in Bezug auf die Formulierung dieses Prinzips, da verschiedene Ausdrücke als tautologisch angesehen wurden. Zum Beispiel, wenn man sagt: *Jedes Seiende ist identisch mit sich selbst.*

Eine Tautologie (das Gleiche sagen) liegt bekanntermaßen vor, wenn das Prädikat genau dasselbe ausdrückt wie das, was das Subjekt ohnehin angibt. Nun, im Prinzip der Identität ist das Prädikat wirklich dasselbe wie das Subjekt -ens unum-. Gibt es daher nicht immer eine Tautologie darin?[111]

Betrachten wir die folgenden Aussagen:

Das Sein ist das Sein

Jedes Seiende ist Seiende
A ist A
Jedes Sein ist das, was es ist
Was ist, ist; was nicht ist, ist nicht

Die derzeit verwendete Formel "A ist A" (oder "A = A"), um das Prinzip der Identität auszudrücken, ist offensichtlich falsch und unangemessen. Es handelt sich tatsächlich um eine bloße Tautologie, die in keiner Weise der Bedeutung der Identitätsbeziehung entspricht. Es wäre völlig sinnlos, wenn es nicht die tatsächliche Identität der Dinge postulieren würde, die aus irgendeinem Gesichtspunkt als unterschiedlich betrachtet werden. Dies ergibt sich eindeutig aus der Analyse des Urteils, da es unter der Gewährleistung des Prinzips der Identität formuliert wird: Sein Wesen besteht darin, zu behaupten, dass die als unterschiedlich gedachten Objekte in der Existenz identisch sind.[112]

Die transkribierten Formeln scheinen tautologisch zu sein, sei es logisch oder ontologisch. Das Prädikat gibt mir keine Informationen, die das Subjekt nicht bereits gegeben hat. Es gibt keinen Fortschritt im Wissen.

Jedoch kann man dagegen argumentieren: Wenn wir sagen: das Sein ist das Sein, wird das Sein als ausschließend vom Nicht-Sein verstanden. So wollen wir sagen, dass das Sein an sich das Sein und Nicht-Sein nicht einschließt oder anders gesagt, das Sein ist ungeteilt, das heißt, es ist eins. Denn das Sein ist eins, indem es das Nicht-Sein ausschließt. Hier scheint es keine Tautologie zu geben. Außerdem, wenn das Prinzip der Identität so verstanden wird, setzt es das Prinzip der Widerspruchs voraus. Und man könnte nicht, wie einige Thomisten es tun, vom Prinzip der Identität als "höchstem Gesetz der Realität" sprechen.

Die Identität hat für Sankt Thomas eine klare Bedeutung: sie bedeutet die eigene Art der Einheit, die der Substanz zukommt. Die Identität des Seins zu behaupten würde also auf gewisse Weise seine Einheit anerkennen. Wenn wir in dieser Hinsicht weitergehen, sind wir natürlich dazu gebracht zu sagen, dass das Prinzip der Identität nichts anderes ist als eine Form dessen, was man das Prinzip der Einheit des Seins nennen könnte: Jedes Sein ist eins oder identisch mit sich selbst, eine sehr genaue und absolut unmittelbare Aussage, die jedoch erst später zum Tragen kommt, nach der Anerkennung des transzendentalen Einen. Um unser Prinzip auf Sankt Thomas zu gründen, müssen wir uns auf eine andere Lehre beziehen, die der transzendentalen Eigenschaften des Seins (vgl. De Veritate, q. 1, a 1).[113]

Folglich scheint es, dass wir, wenn wir explizit auf die Transzendentalien zurückgreifen, das Prinzip formulieren können, ohne in scheinbare Tautologien zu verfallen. Es gibt nur ein wahres Urteil, wenn das Prädikat in irgendeiner Form vom Subjekt verschieden ist und somit dem Intellekt mehr Wissen über die Realität vermittelt.

In Buch 1 dieser Serie, Kapitel 6, schrieben wir:

Die Transzendentalien sind die Eigenschaften, die dem Seienden universell zukommen und mit ihm austauschbar sind. (...) Die Transzendentalien sind drei: das Eine (Unum), das Wahre (Verum) und das Gute (Bonum). Sie stellen keine unterschiedlichen Realitäten zum Seienden dar. Zwischen diesem und den Transzendentalien besteht nur eine Unterscheidung der Vernunft. Sie beziehen sich auf dieselbe ontologische Realität, aber zeigen jeweils einen unterschiedlichen Aspekt davon.

Folglich können wir das Prinzip der Identität ohne in Tautologien zu verfallen wie folgt formulieren:

Jedes Seiende ist eins

Jedes Seiende ist wahr

Jedes Seiende ist gut

Jedes Seiende ist eins, wahr und gut

Ich sage in der Tat, dass jedes Seiende sich selbst gleich ist, aber ich füge dem Wissen, das mir das Subjekt vermittelt, etwas hinzu. Dieses "Etwas", das ich zum Wissen beitrage, bezieht sich auf die Eigenschaften des Seienden, die nicht von ihm verschieden sind, aber sie zeigen sich unter einer anderen Dimension: Einheit (Unteilbarkeit), Wahrheit und Güte. Das Subjekt, das Seiende, sagt nicht ausdrücklich, dass es eins, wahr und gut ist. Das sagt das Prädikat. Aber Einheit, Wahrheit und Güte gehören wesentlich zum Seienden. Das Seiende ist Seiende und indem es dies ist, ist es eins, wahr und gut.

Wir schließen mit einem anderen Ansatz, der versucht, nicht in Tautologie zu verfallen:

Das Prinzip der Identität kann jedoch auf eine tiefere Weise betrachtet werden. Wenn ich sage, dass "das Sein das Sein ist", kann ich mich darauf beziehen, dass das Sein das Grundlegende, das Fundamentale ist und nicht durch etwas Größeres erklärt werden kann, sondern nur durch sich selbst. Oder ich kann mich auf die Austauschbarkeit zwischen "ens" und "unum" beziehen ("das Seiende ist eins mit sich selbst") oder zwischen Seiende und "res" ("jedes Seiende ist eine bestimmte Sache mit einer eigenen Wesenheit").[114]

14. DAS PRINZIP DES AUSGESCHLOSSENEN DRITTEN

Das Prinzip des Ausgeschlossenen Dritten *(Principium exclusi tertii sive medii)* ist eine direkte und unmittelbare Ableitung des Prinzips des Widerspruchs.

Sowohl Aristoteles als auch Sankt Thomas nehmen es als einen der Ersten Prinzipien auf.

Aristoteles behandelt es im siebten Kapitel des vierten Buches seiner *Metaphysik*.

Wir können es folgendermaßen formulieren:

Zwischen der Behauptung und der Verneinung des Seins gibt es keinen Mittelweg: Das Sein ist oder ist nicht, gleichzeitig und in derselben Bedeutung

Unmittelbar nach der Vorstellung des Prinzips des Widerspruchs stellt Aristoteles das Prinzip des Ausgeschlossenen Dritten vor. Es ist nicht nur unmöglich, dass etwas gleichzeitig und in derselben Beziehung ist und nicht ist, sondern es ist auch unmöglich, dass in einer Behauptung (oder einer Widersprüchlichkeit) ein Zwischenterminus existiert, der ausgeschlossen werden muss. Die Behauptung und die Verneinung des Seins lassen keinen Zwischenzustand zu, der unklar und verwirrend wäre. Es zeigt die logische Notwendigkeit, die auf ontologischer Notwendigkeit beruht, dass die Behauptung und die Verneinung gleichzeitig und in derselben Hinsicht unmittelbar sind, das heißt, dass sie keine dritte Möglichkeit zulassen, die außerhalb des Bereichs des Realen liegt.[115]

Er wird sagen, dass es keinen Zwischenterminus zwischen den Widersprüchlichen geben kann, sondern dass notwendigerweise eines davon, egal welches, über eine bestimmte Sache behauptet oder verneint werden muss: Das Seiende ist oder ist nicht. Es gibt keine andere Alternative.

Dieses Prinzip leitet sich aus der Unmöglichkeit ab, gleichzeitig das Sein und das Nichtsein zu behaupten. Denn wenn es einen Mittelweg gäbe, würde er aus dem Sein und dem Nichtsein zusammen bestehen, was absurd wäre. So wie das Prinzip des Widerspruchs besagt, dass zwei widersprüchliche Aussagen nicht gleichzeitig wahr sein können, besagt das Prinzip des Ausgeschlossenen Dritten, dass zwei widersprüchliche Aussagen nicht gleichzeitig falsch sein können. [116]

Aristoteles bietet bis zu sieben Argumente zur Gültigkeit dieses Prinzips durch Widerlegung. Nämlich: [117-118]

Das erste Argument besagt, dass dieses Prinzip bereits durch die vorherige Definition von Wahrheit und Falschheit offensichtlich ist. Falsch ist es zu sagen, dass das, was ist, nicht ist, und dass das, was nicht ist, ist. Wahr ist es zu sagen, dass das, was ist, ist, und das, was nicht ist, nicht ist. Folglich sagt jemand, der sagt, dass etwas ist oder nicht ist, entweder etwas Wahres oder etwas Falsches.

Was zunächst klar wird (...) ist, dass diese Aussage wahr ist und die widersprüchliche Aussage, durch die dies verneint wird, falsch ist. Und so haben wir zumindest erreicht, dass nicht behauptet werden kann, dass jede Aussage zusammen mit ihrer Verneinung wahr ist. [119]

Daher wird jemand, der den Mittelterm behauptet, gezwungen, zu behaupten, dass etwas gleichzeitig ist und nicht ist, was absurd ist.

Das zweite Argument besagt, dass der Mittelterm "außerdem zwischen den Widersprüchlichen mittendrin sein wird, entweder wie zwischen Schwarz und Weiß das Grau, oder wie zwischen Mensch und Pferd das, was weder das eine noch das andere ist. Sicherlich, wenn es auf diese letzte Weise der Fall wäre, gäbe es keine Veränderung (denn man wechselt von Nicht-Gut zu Gut, oder von diesem zu Nicht-Gut); nun, (dass es

Veränderung gibt) ist dauerhaft offensichtlich (es gibt keine Veränderung, es sei denn zwischen gegensätzlichen oder mittleren Begriffen). Wenn andererseits das Mittlere vorhanden ist, gäbe es auch eine Erzeugung von Weißem, das von Nicht-Nicht-Weißem stammen würde; nun, dies wird nicht beobachtet."

Daher kann jemand, der den Mittelterm behauptet, dies nur tun, wenn er sich nicht mit den anderen identifiziert (zum Beispiel zwischen "Mensch" und "Pferd" zu behaupten, dass es "weder das eine noch das andere" gibt). Wenn er sich identifiziert, fällt er in das Absurde des ersten Arguments.

Das dritte Argument besagt, dass es offensichtlich ist, dass alles, was gedacht oder überlegt wird, vom Denken behauptet oder verneint wird: Wenn es die Wahrheit sagt oder die Falschheit sagt. Wenn es beim Behaupten oder Verneinen in dieser Weise verbindet, sagt es die Wahrheit; wenn es auf andere Weise verbindet, sagt es die Falschheit.

Daher gelangt jemand, der den Mittelterm behauptet, nicht zur Wahrheit; denn die Wahrheit liegt in der Behauptung.

Das vierte Argument besagt, dass "es außerdem einen Mittelbegriff zwischen allen Gegensätzen geben müsste, sofern man nicht behauptet, dass es ihn aus bloßer Redseligkeit gibt, in welchem Fall man weder Wahrheit sagt noch nicht Wahrheit sagt; und es wird etwas geben, das zwischen dem Sein und dem Nichtsein liegt; und daher wird es eine Art von mittlerem Wandel geben zwischen Entstehung und Vergehen."

Daher behauptet derjenige, der den Mittelbegriff annimmt, dass es einen anderen Wandel neben Entstehung und Vergehen gibt, was jedoch nicht möglich ist, denn zwischen dem Nichtsein und dem Sein ist kein Mittelbegriff möglich.

Das fünfte Argument besagt, dass "es in allen jenen Gattungen einen Mittelbegriff geben wird, bei denen die Negation die Entstehung des Gegenteils zur Folge hat, zum Beispiel bei den Zahlen wird es eine Zahl geben, die weder ungerade noch nicht ungerade ist. Aber dies ist unmöglich, wie durch die Definition offensichtlich wird."

Daher muss derjenige, der den Mittelbegriff annimmt, die Existenz von Zahlen zwischen geraden und ungeraden Zahlen zugeben, was der Definition von ihnen widerspricht.

Das sechste Argument besagt, dass "man in einen unendlichen Prozess gerät, und die Dinge, die existieren, werden nicht nur um die Hälfte, sondern um eine größere Menge zunehmen. Tatsächlich wird es möglich sein, dies wiederum in Bezug auf die Aussage und ihre Verneinung zu verneinen, und dies wird auch ein Begriff sein, da seine Existenz eine andere ist."

Daher wird derjenige, der den Mittelbegriff annimmt, ins Unendliche gehen, weil er einen weiteren Mittelbegriff zwischen dem Mittelbegriff und dem anderen Begriff zugeben müsste, und so weiter.

Das siebte Argument besagt, dass "wenn jemand gefragt wird, ob etwas weiß ist und er mit Nein antwortet, hat er nichts anderes verneint als dass es weiß ist; aber die Verneinung bedeutet, dass es nicht weiß ist."

Daher geht derjenige, der den Mittelbegriff annimmt, in seinem Urteil zu weit, weil er mehr (oder weniger) als das Mögliche behauptet. Zum Beispiel kann aus der Aussage, dass etwas schwarz ist, nicht die tatsächliche Existenz von etwas Nicht-Schwarzem abgeleitet werden.

Zwischen zwei einander widersprechenden Urteilen ist kein drittes möglich: Dieses Prinzip basiert direkt auf dem Gesetz des Widerspruchs. Denn die Mitglieder des Widerspruchs stehen zueinander im Verhältnis von Sein und Nichtsein, von Wahrheit und Falschheit, von Behauptung und Verneinung. Ein solches drittes müsste etwas sein, das weder Sein noch Nichtsein ist, weder wahr noch falsch, weder Gegenstand der Behauptung noch Gegenstand der Verneinung. All dies ist offensichtlich absurd.[120]

15. DAS PRINZIP DER GRUND DES SEINS

Auch als das Prinzip des ausreichenden Grundes bekannt, wird es in der thomistischen Metaphysik vorausgesetzt.

Tatsächlich haben weder Sankt Thomas noch Aristoteles es explizit als solches formuliert.

Das Prinzip des Grund des Seins entspringt der Notwendigkeit der Verständlichkeit, das heißt, es ergibt sich unmittelbar aus der Beziehung des Verstandes zum Sein. Der Verstand kann sich nicht damit zufriedengeben, das Sein als gegeben zu betrachten; Er möchte seinen ausreichenden Grund (oder Grund des Seins) kennenlernen, das, wodurch es ist, denn dies macht es intelligibel.[121]

Es formuliert also die notwendige Verbindung zwischen Sein und Wahrheit: Das Sein muss dem Verstand notwendigerweise Rechenschaft über sich selbst ablegen.

Dieses Prinzip lautet wie folgt:

Alles, was ist, hat seinen Grund des Seins

Oder auch:

Jedes Seiende hat einen ausreichenden Grund

Oder auch:

Jedes Seiende muss seine intelligible Genügsamkeit haben, entweder von sich selbst oder von etwas anderem (denn der Verstand erkennt unmittelbar, dass das Sein entweder von sich selbst, das heißt, absolut notwendig, oder von einem anderen, das heißt, kontingent ist)

Oder auch:

Alles, was ist, ist intelligibel bestimmt

Folglich ist alles intelligibel.[122]

Letzte Endes ist die Intelligibilität die Wahrheit des Seins. Folglich kann man auch sagen: *Jedes Sein ist intelligibel, insofern es Sein ist,* oder *Jedes Sein ist wahr.* Das bedeutet: Jedes Sein hat eine wesentliche Ordnung zur Intelligenz hin.

Was ist nun der Grund für diese Intelligibilität des Seins? Es gibt keinen anderen als diesen: Es besitzt "seine Grund des Seins", gleichzeitig dasjenige, was bestimmt, dass das Sein ist und was es intelligibel macht.[123]

Es ist offensichtlich. Keiner von uns akzeptiert, dass etwas sein kann, einfach so. Wir verlangen eine Erklärung für seine Existenz. Die Forderung nach dem Nachweis dieses Prinzips bedeutet bereits, es anzuerkennen. Es wird vorausgesetzt, dass immer eine Art von Grund erforderlich ist, um etwas als wahr und der Realität entsprechend anzunehmen. Es wird indirekt oder durch das Absurde bewiesen. Wer dies leugnet, wird gezwungen sein, auch das Prinzip des Widerspruchs zu leugnen.

Der Grund des Seins ist doppelt, intrinsisch oder extrinsisch.

Aus dieser Feststellung ergibt sich, dass das Prinzip des Grundes des Seins ein analoges Prinzip ist, das nur proportional auf verschiedene Arten der Erklärung angewendet werden sollte. Wenn man dies vergisst, besteht die Gefahr, in den übermäßigen Rationalismus zu verfallen.[124]

Der intrinsische Grund eines Dinges ist dasjenige, durch das dieses Ding von einer bestimmten Natur ist und über bestimmte Eigenschaften verfügt und nicht anders. Zum Beispiel muss ein Quadrat in sich das haben, durch das es ein Quadrat ist und bestimmte Eigenschaften aufweist, anstatt ein Kreis mit anderen Eigenschaften zu sein.

Wenn es nur um die intrinsische Basis geht, wäre dieses Prinzip nur eine einfache Schätzung des Identitätsprinzips. Schließlich geht es aus dieser Perspektive um die Substanz. Die Verneinung, dass jedes Sein in sich das hat, durch das es das ist, (...) bedeutet offensichtlich die Verneinung des Identitätsprinzips. Es bedeutet die Verneinung, dass Rot an sich rot ist, es bedeutet die Verneinung, dass das Quadrat in sich das hat, durch das es ein Quadrat mit bestimmten Eigenschaften ist, anstatt ein Kreis mit anderen Eigenschaften zu sein.[125]

Der extrinsische Grund ermöglicht die Unterscheidung von drei Fällen:

1-Im ersten Fall sagen wir, dass die Eigenschaften des Seienden ihren Grund in jener Natur haben, von der sie abgeleitet sind, in der spezifischen Unterscheidung, aus der sie abgeleitet und intelligibel gemacht werden können. So haben die Eigenschaften des Quadrats ihren Grund in der Natur des Quadrats.

2-Im zweiten Fall sagen wir, dass ein Seiendes, das nicht aus sich selbst ist, seinen Grund für das Sein in einem anderen Seienden hat, das aus sich selbst ist. Dieser extrinsische Grund für das Bestehen eines kontingenten Seienden wird seine effiziente Ursache genannt.

3-Im dritten Fall sagen wir, dass ein Seiendes, das nicht um seiner selbst willen existiert, sondern für einen Zweck, seinen extrinsischen Grund in diesem Zweck hat. Dieser extrinsische Grund wird seine finale Ursache genannt.

Folglich, wenn die Formel des Prinzips der Grundursache präzisiert werden soll, indem sowohl der intrinsische als auch der extrinsische Grund genannt werden, lautet sie: "Jedes Sein hat seinen Grund in dem, was ihm entspricht, entweder in sich selbst oder in einem anderen"; in sich selbst, wenn es ihm entspricht, was es in seinem eigenen Sein ausmacht; in einem anderen, wenn es ihm nicht entspricht, was es in seinem eigenen Sein ausmacht.[126]

Der intrinsische Grund ist nichts anderes als eine Bestimmung des Identitätsprinzips.

Der extrinsische Grund wirft andere Probleme auf. Um ihn zu verstehen, müssen wir ihn auf das Unmögliche reduzieren. Es ist widersprüchlich und unverständlich, dass ein Seiendes, das seinen Grund nicht in sich selbst hat, ihn auch nicht in einem anderen hat.

Zweitens ist es notwendig zu antworten, dass die Reduktion ad absurdum, die gegen diejenigen gerichtet ist, die die absolute Notwendigkeit des Prinzips der Grundursache leugnen, ohne jegliche Annahme etabliert werden kann, wie folgt: Das Leugnen des Prinzips der Grundursache bedeutet zu behaupten, dass das Kontingente, das ohne aus sich selbst zu existieren existiert, unverursacht oder bedingungslos sein kann. Nun, was unverursacht oder bedingungslos ist, ist aus sich selbst. Daher wäre das unverursachte kontingente Sein sowohl aus sich selbst als auch nicht aus sich selbst, was absurd ist.[127]

"Kontingent und bedingungslos oder nicht verursacht" impliziert daher einen Widerspruch.

Folglich ist das absolut Inintelligible das, was keine Beziehung zum Sein haben kann; oder auch, das absolut Unmögliche ist das, was von Natur aus der Existenz widerspricht, das was nicht existenzfähig ist.

Nachdem die Unterscheidung zwischen der intrinsischen und der extrinsischen Dimension dieses Prinzips klar ist, können wir es auch wie folgt formulieren:

Alles, was ist, hat seinen Grund entweder in sich selbst, wenn es aus sich selbst existiert, oder in einem anderen, wenn es nicht aus sich selbst existiert

Wie oben erwähnt, muss dieser Grund analog zu den jeweiligen Dimensionen verstanden werden:[128]

1-Die Eigenschaften einer Sache haben ihren Grund in ihrer Essenz oder Natur, zum Beispiel haben die Eigenschaften des Kreises ihren Grund in der Natur des Kreises.

2-Die Existenz einer Wirkung hat ihren Grund in der effizienten Ursache, die sie hervorbringt und erhält, das heißt, in der Ursache, die nicht nur das Werden, sondern auch das Sein der Wirkung erklärt; so hat das sein durch Teilhabe seinen Grund im sein durch Wesen.

3-Die Mittel haben ihren Grund im Endziel, auf das sie ausgerichtet sind.

4-Die Materie ist auch der Grund für die Vergänglichkeit der Körper.

ANHANG

Proemium von Sankt Thomas zum *Kommentar zur Metaphysik des Aristoteles*

Ursprünglicher lateinischer Text

Sicut docet philosophus in politicis suis, quando aliqua plura ordinantur ad unum, oportet unum eorum esse regulans, sive regens, et alia regulata, sive recta. Quod quidem patet in unione animae et corporis; nam anima naturaliter imperat, et corpus obedit. Similiter etiam inter animae vires: irascibilis enim et concupiscibilis naturali ordine per rationem reguntur. Omnes autem scientiae et artes ordinantur in unum, scilicet ad hominis perfectionem, quae est eius beatitudo. Unde necesse est, quod una earum sit aliarum omnium rectrix, quae nomen sapientiae recte vindicat. Nam sapientis est alios ordinare.

Quae autem sit haec scientia, et circa qualia, considerari potest, si diligenter respiciatur quomodo est aliquis idoneus ad regendum. Sicut enim, ut in libro praedicto philosophus dicit, homines intellectu vigentes, naturaliter aliorum rectores et domini sunt: homines vero qui sunt robusti corpore, intellectu vero deficientes, sunt naturaliter servi: ita scientia debet esse naturaliter aliarum regulatrix, quae maxime intellectualis est. Haec autem est, quae circa maxime intelligibilia versatur.

Maxime autem intelligibilia tripliciter accipere possumus. Primo quidem ex ordine intelligendi. Nam ex quibus intellectus certitudinem accipit, videntur esse intelligibilia magis. Unde, cum certitudo scientiae per intellectum acquiratur ex causis, causarum cognitio maxime intellectualis esse videtur. Unde et illa scientia, quae primas causas considerat, videtur esse maxime aliarum regulatrix.

Secundo ex comparatione intellectus ad sensum. Nam, cum sensus sit cognitio particularium, intellectus per hoc ab ipso differre videtur, quod universalia comprehendit. Unde et illa scientia maxime est intellectualis, quae circa principia maxime universalia versatur. Quae quidem sunt ens, et ea quae consequuntur ens, ut unum et multa, potentia et actus. Huiusmodi autem non debent omnino indeterminata remanere, cum sine his completa cognitio de his, quae sunt propria alicui generi vel speciei, haberi non possit. Nec iterum in una aliqua particulari scientia tractari debent: quia cum his unumquodque genus entium ad sui cognitionem indigeat, pari ratione in qualibet particulari scientia tractarentur. Unde restat quod in una communi scientia huiusmodi tractentur; quae cum maxime intellectualis sit, est aliaruest aliarum regulatrix.

Tertio ex ipsa cognitione intellectus. Nam cum unaquaeque res ex hoc ipso vim intellectivam habeat, quod est a materia immunis, oportet illa esse maxime intelligibilia, quae sunt maxime a materia separata. Intelligibile enim et intellectum oportet proportionata esse, et unius generis, cum intellectus et intelligibile in actu sint unum. Ea vero sunt maxime a materia separata, quae non tantum a signata materia abstrahunt, sicut formae naturales in universali acceptae, de quibus tractat scientia naturalis, sed omnino a materia sensibili. Et non solum secundum rationem, sicut mathematica, sed etiam secundum esse, sicut Deus et intelligentiae. Unde scientia, quae de istis rebus considerat, maxime videtur esse intellectualis, et aliarum princeps sive domina.

Haec autem triplex consideratio, non diversis, sed uni scientiae attribui debet. Nam praedictae substantiae separatae sunt universales et primae causae essendi. Eiusdem autem scientiae est considerare causas proprias alicuius generis et genus ipsum: sicut naturalis considerat principia corporis naturalis. Unde oportet quod ad eamdem scientiam pertineat considerare substantias separatas, et ens commune, quod est genus, cuius sunt praedictae substantiae communes et universales causae.

Ex quo apparet, quod quamvis ista scientia praedicta tria consideret, non tamen considerat quodlibet eorum ut subiectum, sed ipsum solum ens commune. Hoc enim est subiectum in scientia, cuius causas et passiones quaerimus, non autem ipsae causae alicuius generis quaesiti. Nam cognitio causarum alicuius generis, est finis ad quem consideratio scientiae pertingit. Quamvis autem subiectum huius scientiae sit ens commune, dicitur tamen tota de his quae sunt separata a materia secundum esse et rationem. Quia secundum esse et rationem separari dicuntur, non solum illa quae nunquam in materia esse possunt, sicut Deus et intellectuales substantiae, sed etiam illa quae possunt sine materia esse, sicut ens commune. Hoc tamen non contingeret, si a materia secundum esse dependerent.

Secundum igitur tria praedicta, ex quibus perfectio huius scientiae attenditur, sortitur tria nomina. Dicitur enim scientia divina sive theologia, inquantum praedictas substantias considerat. Metaphysica, inquantum considerat ens et ea quae consequuntur ipsum. Haec enim transphysica inveniuntur in via resolutionis, sicut magis communia post minus communia. Dicitur autem prima philosophia, inquantum primas rerum causas considerat. Sic igitur patet quid sit subiectum huius scientiae, et qualiter se habeat ad alias scientias, et quo nomine nominetur.

Text ins Deutsche übersetzt

"Wie Der Philosoph in seinen politischen Schriften lehrt, wenn mehrere auf etwas ausgerichtet sind, ist es notwendig, dass einer von ihnen ein Regulator oder Direktor ist und die anderen reguliert oder geführt werden. Dies zeigt sich in der Verbindung von Seele und Körper, denn natürlich gebietet die Seele und der Körper gehorcht. Genauso ist es auch bei den Kräften der Seele, denn der Zorn und die Begierde werden natürlich durch die Vernunft geregelt. Alle Wissenschaften und Künste sind jedoch auf eine Sache ausgerichtet, nämlich auf die Vollkommenheit des Menschen, die sein Glück ist. Daher muss eine von ihnen diejenige sein, die ordnet, und diese wird mit Recht Weisheit genannt, denn es ist dem Weisen vorbehalten, andere zu ordnen.

Wenn wir jedoch sorgfältig betrachten, wer geeignet ist, zu regieren, können wir erkennen, worin diese Wissenschaft besteht und worüber sie sich erstreckt. Wie der oben zitierte Philosoph sagt, sind diejenigen, die mit einem guten intellektuellen Vermögen ausgestattet sind, naturgemäß die Herrscher und Meister der anderen, während diejenigen, die körperlich stark sind, aber intellektuell unvollkommen, naturgemäß die Diener sind. Daher muss die Wissenschaft, die am intellektuellsten ist, natürlich diejenige sein, die die anderen regiert. Diese Wissenschaft befasst sich jedoch am meisten mit dem Intelligiblen.

Das Intelligible kann jedoch auf drei Arten verstanden werden. Erstens in Bezug auf die Ordnung des Verstehens. Denn das, was das Verständnis mit Gewissheit erfasst, scheint sicherlich das Intelligibelste zu sein. Daher scheint das Wissen um Ursachen, da das Verständnis wissenschaftliche Gewissheit darüber erlangt, sicherlich am intellektuellsten zu sein. Daher scheint die Wissenschaft, die die ersten Ursachen betrachtet, zweifellos die regulierendste aller anderen zu sein.

Zweitens im Vergleich zur Sinneswahrnehmung. Während die Sinne sich mit dem Wissen um Einzelheiten befassen, unterscheidet sich das Verständnis zweifellos dadurch, dass es das Allgemeine umfasst. Daher ist die Wissenschaft, die sich mit den allgemeinsten Prinzipien befasst, am intellektuellsten. Diese Prinzipien sind das Seiende und das, was daraus folgt, wie das Eine und das Viel, die Potenz und die Akt. Diese sollten jedoch nicht unbestimmt bleiben, denn ohne sie können wir kein vollständiges Wissen über das erlangen, was einer bestimmten Art oder Gattung eigen ist. Andererseits sollten sie auch nicht in einer speziellen Wissenschaft behandelt werden, da alle Formen des Seienden von ihnen abhängen, um erkannt zu werden, aus demselben Grund würden sie in allen speziellen Wissenschaften behandelt werden. Daher sollten sie in einer gemeinsamen Wissenschaft behandelt werden, die als die intellektuellste alle anderen ordnet.

Drittens basierend auf der Erkenntnis des Verstandes selbst. Da alle Dinge ihre intelligible Kraft aus ihrer Unabhängigkeit von Materie beziehen, müssen diejenigen, die am meisten von Materie getrennt sind, am leichtesten verständlich sein. Denn Intelligibles und Verstehendes müssen verhältnismäßig sein und derselben Art angehören, da Verstand und Intelligibles in der Tat im Akt dasselbe sind. Diejenigen Dinge, die am meisten von Materie getrennt sind, abstrahieren nicht nur von individueller Materie, wie es die allgemeinen natürlichen Formen tun, von denen die Naturwissenschaft spricht, sondern vollständig von sinnlicher Materie. Und nicht nur im Verhältnis zum Konzept, wie es in der Mathematik der Fall ist, sondern auch in Bezug auf das Sein, wie es bei Gott und den geistigen Wesen der Fall ist. Daher scheint die Wissenschaft, die solche Dinge betrachtet, am intellektuellsten zu sein und die Herrscherin über die anderen.

Diese dreifache Betrachtung sollte jedoch nicht verschiedenen Wissenschaften zugeschrieben werden, sondern einer einzigen. Denn die erwähnten separaten Substanzen sind die allgemeinen und primären Ursachen des Seins. Es ist Aufgabe derselben Wissenschaft, die spezifischen Ursachen einer bestimmten Art und die Art selbst zu betrachten, ähnlich wie die Naturwissenschaft die Prinzipien des natürlichen Körpers betrachtet. Daher muss dieselbe Wissenschaft auch die spirituellen Substanzen und das gemeinsame Seiende betrachten, das die Gattung ist, deren gemeinsame und allgemeine Ursachen die erwähnten spirituellen Substanzen sind.

Daraus ergibt sich, dass, obwohl diese Wissenschaft die oben genannten drei Aspekte berücksichtigt, sie keines von ihnen als Gegenstand ihrer Untersuchung betrachtet, sondern nur das gemeinsame Sein. Denn der Gegenstand der Wissenschaft ist dasjenige, nach dem wir nach Ursachen und Eigenschaften suchen, nicht aber die Ursachen selbst der untersuchten Gattung. Denn das Wissen um die Ursachen einer bestimmten Gattung ist das Ziel, das die Überlegung der Wissenschaft verfolgt. Obwohl der Gegenstand dieser Wissenschaft das gemeinsame Sein ist, bezieht sie sich jedoch vollständig auf das, was von der Materie in Bezug auf andere Wissenschaften getrennt ist, sowohl in Bezug auf das Sein als auch in Bezug auf das Konzept, da es in Bezug auf das Sein und das Konzept getrennt betrachtet wird, was niemals in der Materie sein kann, wie Gott und die spirituellen Substanzen, aber auch das, was ohne Materie existieren kann, wie das gemeinsame Sein. Dies wäre jedoch nicht der Fall, wenn es von der Existenz der Materie abhängen würde.

Daher erhält diese Wissenschaft drei Namen aus der dreifachen Betrachtung, aus der sich ihre Vollkommenheit ableitet. Sie wird göttliche Wissenschaft oder Theologie genannt, insofern sie die separaten Substanzen betrachtet. Als Metaphysik betrachtet sie das Sein und das, was daraus folgt. Denn das Transphysische findet sich in der analytischen Bewegung des Denkens als das Allgemeinste, nachdem das Weniger Allgemeine betrachtet wurde. Sie wird jedoch auch als erste Philosophie bezeichnet, insofern sie die ersten Ursachen der Dinge betrachtet. Daher wird deutlich, was der Gegenstand dieser Wissenschaft ist, wie sie sich zu anderen Wissenschaften verhält und mit welchem Namen sie genannt wird."

ZUM ABSCHLUSS

1-Wie wird die Philosophie des heiligen Thomas normalerweise genannt?
Sie wird oft als "Philosophie des Seins" bezeichnet.

2-Warum wird sie "Philosophie des Seins" genannt?
Weil ihre Reflexion von der Realität (*res*, Dinge, Seiende) ausgeht. Die Realität sind das Sein (Seienden), die außerhalb des Subjekts existieren. Die thomistische Reflexion geht nicht vom Inneren des Subjekts, von seinem Denken, seinen Ideen oder Emotionen aus. Sie ist objektiv, nicht subjektiv.

3-Warum wird der Thomismus als realistisch bezeichnet?
Weil er davon ausgeht, dass die Realität intelligibel ist. Seine philosophische Reflexion beginnt mit den Dingen (*res*, daher: Realität, realistisch), das heißt mit den Seienden, die meine Sinne beeindrucken.

4-Wie wird der thomistische Realismus charakterisiert?
Der thomistische Realismus ist metaphysisch und gnoseologisch. In diesem Sinne steht er im Gegensatz zu allen modernen Idealismen. In Bezug auf die sogenannte "Frage der Universalien" lehnt er den Nominalismus ab.

5-Wie wird der thomistische metaphysische Realismus charakterisiert?
Es ist ein moderaten Realismus. Aristotelisch. Der metaphysische Realismus behauptet, dass die Dinge (Seienden) außerhalb und unabhängig vom Bewusstsein oder Subjekt existieren. In seiner metaphysischen Reflexion geht er vom äußeren Objekt aus. Für den Realisten ist die Realität offensichtlich.

6-Wie wird der thomistische gnoseologisch Realismus charakterisiert?

Der gnoseologisch Realismus behauptet, dass Erkenntnis möglich ist, ohne anzunehmen (wie es die Idealisten tun), dass das Bewusstsein der Realität bestimmte *a priori* Konzepte oder Kategorien aufzwingt, um sie zu erkennen. Bei der Erkenntnis zählt das Gegebene und keineswegs das Gesetzte, sei es durch das Bewusstsein oder das Subjekt.

7-Wie charakterisiert sich der Thomismus in Bezug auf die "Frage der Universalien"?

Er behauptet, dass Universalien keine bloßen Namen oder Konzepte sind, sondern Seiende, die auf den Seienden der konkreten Realität beruhen.

8-Wie nennen einige Philosophen auch den Thomismus?

In ihrem Bestreben, den Begriff des Existierens hervorzuheben, wird es auch als "existenzielle Philosophie" bezeichnet. Dies ist der Fall bei Jacques Maritain. Es kann mit entsprechenden Vorsichtsmaßnahmen so genannt werden. In jedem Fall muss klar festgehalten werden, dass der Thomismus kein Existenzialismus ist.

9-Wie entstand der Begriff "Metaphysik"?

Der Begriff entstand, als eine Sammlung von vierzehn Büchern, die Aristoteles zugeschrieben werden, unter dem Titel "jenseits der Physik" (Metaphysik) klassifiziert wurde. Ihr Inhalt schien logischerweise eine Fortsetzung der Bücher über Physik zu sein.

10-Wie ist die Metaphysik von Aristoteles aufgebaut?

Die Metaphysik von Aristoteles besteht aus vierzehn Büchern, die numerisch und mit Buchstaben klassifiziert sind.

11-In welchem Werk entwickelte Sankt Thomas sein metaphysisches Traktat?

Wir können zwei Werkgruppen unterscheiden. Die erste Gruppe ist ein konkretes Werk: Kommentar zur Metaphysik von Aristoteles. Die zweite Gruppe wurde im Zuge seiner theologischen Untersuchungen erstellt. Wir finden sie sowohl in *De Deo Uno* als auch in der *Summa Theologiae* (Ia Ps,

q. 2-26) oder in der Summa contra Gentiles (I) sowie an anderen parallelen Stellen (*Quaestiones disputatae, Opuscula* usw.).

12-Welche Denker haben das Werk von Sankt Thomas beeinflusst??

Das metaphysische Denken von Sankt Thomas entwickelte sich parallel zu seinen theologischen Reflexionen. Er assimilierte hauptsächlich Aristoteles in seinen Quellen sowie Material von den Kirchenvätern, Pseudo-Dionysius Areopagita, Boethius, den arabischen und jüdischen Kommentatoren von "Der Philosoph". In Bezug auf Letztere ist festzuhalten, dass der sogenannte thomistische "Aristotelisierung" in hohem Maße von den früheren Arbeiten von Averroes und Maimonides beeinflusst ist, denen er sich jedoch in entscheidenden Punkten widersetzte.

13-Was ist das eigentliche Objekt der Metaphysik in der aristotelischen Schule?

Das eigentliche Objekt der Metaphysik ist in der aristotelischen Schule das Sein als solches und seine Eigenschaften. Diese Definition, die auch Sankt Thomas beibehalten wird, lässt sich jedoch nur schwer und mehrdeutig aus der von Andronicus geordneten Sammlung ableiten.

14-In welchem Werk ordnet Sankt Thomas das Denken von Aristoteles über die Metaphysik?

In seinem *Kommentar zur Metaphysik von Aristoteles*, speziell im Proömium.

15-Was ist die Metaphysik für Aristoteles, wie von Sankt Thomas erklärt?

Für Aristoteles ist die Metaphysik eine Wissenschaft, die drei Dimensionen umfasst: 1-Metaphysik als die Wissenschaft von den Ersten Ursachen und den Ersten Prinzipien. 2-Metaphysik als die Wissenschaft vom Sein als solches und von den Eigenschaften des Seins als solches. 3-Metaphysik als die Wissenschaft von dem, was unbeweglich und getrennt ist. Die Metaphysik ist eine Wissenschaft, weil sie das Wissen ist, das das Warum, den notwendigen Grund für das, was sie aussagt, festlegt.

16-Wie wird die erste aristotelische Dimension genannt?
Die erste Dimension wird von Aristoteles "Erste Philosophie" genannt. Sie dominiert das Buch 1 (A) der Sammlung.

17-Wie wird die zweite aristotelische Dimension genannt?
Die zweite Dimension wird einfach Metaphysik genannt. Sie gewinnt im Buch 4 (Γ) der Aristoteles-Sammlung an Bedeutung und scheint sich von da an durchzusetzen.

18-Wie wird die dritte aristotelische Dimension genannt?
Die dritte Dimension wird "Theologie" genannt. Sie dominiert das Werk ab Buch 6 (E).

19-Welche Notwendigkeit stellt Aristoteles in seiner *Metaphysik* dar?
In seiner *Metaphysik* stellt Aristoteles die Notwendigkeit einer ordnenden Wissenschaft zwischen allen Wissenschaften dar, um Weisheit zu erlangen.

20-Wie erklärt er diese Notwendigkeit?
Aristoteles bemerkt, dass alle einzelnen Wissenschaften dasselbe Ziel verfolgen, nämlich die Vollkommenheit des Menschen oder seine Glückseligkeit. Er schließt daraus, dass es notwendigerweise eine besondere Wissenschaft geben muss, die alle anderen Wissenschaften ordnet, reguliert und lenkt, damit sie ihr Ziel geordnet erreichen können.

21-Welche Wissenschaft ist das?
Diese Wissenschaft ist die Weisheit (im weiteren Sinne). Denn das Wesen des Weisen besteht darin, zu ordnen. Das ist der erste Name, den Aristoteles der Metaphysik gibt.

22-Wie wird die Wissenschaft der Weisheit charakterisiert?
Die Weisheit ist die intellektuellste aller Wissenschaften. Ihr Objekt ist das intelligibelste aller Objekte.

23-Wie können wir das Intelligibelste betrachten?

Wir können das Intelligibelste aus drei Perspektiven betrachten: 1-Gemäß der Ordnung des Wissens. 2-Gemäß dem Vergleich von Intellekt und Sinneswahrnehmung.3- Gemäß dem intellektuellen Wissen.

24-Wie betrachten wir das Intelligibelste aus der ersten Perspektive?
Gemäß der Ordnung des Wissens scheint das Wissen über Ursachen das intellektuellste Wissen von allen zu sein. Dieses Wissen nennen wir Erste Philosophie oder Weisheit (im engen Sinne).

25-Wie betrachten wir das Intelligibelste aus der zweiten Perspektive?
Im Vergleich von Intellekt und Sinneswahrnehmung stellen wir fest, dass die Sinne das Besondere (die Dinge oder Seienden, die sie wahrnehmen) als Erkenntnisobjekt haben, während der Intellekt das Allgemeine (das intelligible Sein der sinnlichen Dinge) als Erkenntnisobjekt hat. Die speziellen Wissenschaften kennen durch die Sinne. Die übergeordnete Wissenschaft, die die anderen Wissenschaften reguliert, kennt durch den Intellekt. In diesem Fall sprechen wir von der Metaphysik als der Wissenschaft des Seins als solches. Dies ist das, was im Allgemeinen als Metaphysik verstanden wird. Wir können sie auch Transphysik oder Ontologie nennen.

26-Wie betrachten wir das Intelligibelste aus der dritten Perspektive?
Gemäß demselben intellektuellen Wissen stellen wir fest, dass dasjenige, was am stärksten von der Materie getrennt ist, intelligibler ist. In diesem Fall nennen wir es Göttliche Wissenschaft, Theologie oder genauer gesagt, Theodizee.

27-Wie sind diese drei Dimensionen miteinander verbunden?
Es gibt nicht drei Metaphysiken, sondern eine einzige Metaphysik, die ihr Objekt aus drei verschiedenen Perspektiven studiert. Das Studium des Seins als solches (zweite Dimension: Ontologie) erfordert die Untersuchung seiner Ursachen und Prinzipien (erste Dimension: Erste

Philosophie) und führt zur höchsten Ursache, Gott (dritte Dimension: Theodizee).

28-Wie definieren wir die Metaphysik konkret und unter Berücksichtigung der drei beschriebenen Dimensionen?

Wir definieren sie als die Wissenschaft, die das Sein als solches studiert. Oder auch: das Seiende als Seiendes. In dieser Definition sind die drei Dimensionen enthalten, wie in der Antwort auf die vorherige Frage dargestellt. Die Metaphysik ist die Wissenschaft, die den ontologischen Status der speziellen Wissenschaften aufzeigt.

29-Wie definiert Aristoteles die Metaphysik als Erste Philosophie?

Er definiert sie als die Wissenschaft der Ersten Ursachen und der Ersten Prinzipien. Man kann sie auch Weisheit nennen, unter der Einschränkung, dass der Begriff im engen Sinne verwendet wird. Denn im weiteren Sinne verdient die gesamte Metaphysik in ihren drei interrelatierten Dimensionen den Namen Weisheit.

30-Welche Arten von Weisheit können unterschieden werden?

Es können drei Arten unterschieden werden: nach der Geschichte, nach der Klassifikation von Sankt Thomas und nach dem Subjekt.

31-Was wissen wir über die Weisheit nach der Geschichte?

In dieser ersten Art unterscheiden wir zwei Konzeptionen: a- Bei den Griechen hatte der Begriff Weisheit utilitaristische Resonanzen. Es war ein Synonym für Fähigkeit oder Exzellenz in irgendeiner Kunst. Ein reines Produkt des menschlichen Geistes. b- In der jüdisch-christlichen Tradition stammte die Weisheit vom Himmel: Sie ist Erlösung, die uns durch Gottes Initiative und Gnade gegeben wird. Ein reines Produkt Gottes.

32-Was wissen wir über die Weisheit nach der Klassifikation von Sankt Thomas?

In dieser zweiten Art sehen wir, dass Sankt Thomas im menschlichen Geist drei wesentlich verschiedene und hierarchisch geordnete Weisheiten unterscheidet: 1- Die infused Weisheit, die Gabe des Heiligen Geistes. 2-Die theologische Weisheit. Und 3- Die metaphysische Weisheit.

33-Was ist nach dem *Doctor Angelicus* die infused Weisheit?

Die infused Weisheit ist eine Gabe des Heiligen Geistes. Sie gründet sich auf die Liebe der Nächstenliebe. Sie ermöglicht es uns, Gott in sich selbst und nach einer übermenschlichen Art des Handelns oder besser des Leidens zu erreichen.

34-Was ist nach dem *Doctor Angelicus* die theologische Weisheit?

Die theologische Weisheit steht wie die vorherige unter dem Regime des Glaubens und hat ebenso Gott selbst zum Gegenstand; sie gründet sich jedoch unmittelbar auf die Offenbarung und ihre Art der Ausübung ist wesentlich rational.

35-Was ist nach dem *Doctor Angelicus* die metaphysische Weisheit?

Die metaphysische Weisheit ist rein menschlich und hat kein anderes Licht als das unserer natürlichen Vernunft. Sie strebt danach, zu Gott als dem höchsten Prinzip der Dinge zu gelangen, jedoch als Ursache und nicht mehr als unmittelbar erfasstes Objekt.

36-Was wissen wir über die Weisheit nach dem Subjekt?

Wenn wir uns nun dem Subjekt zuwenden, ist Weisheit eine *habitus* oder Tugend, das heißt eine Vollkommenheit des Verstandes, die ihn darauf vorbereitet, in seiner Handlung mit Leichtigkeit und Genauigkeit vorzugehen. Sie vervollkommnet den spekulativen Intellekt, insofern dieser danach strebt, ein absolut universelles Wissen der Dinge von den höchsten Prinzipien oder Gründen aus zu erlangen.

37-Wie werden die menschlichen Tugenden klassifiziert?

Gemäß Sankt Thomas werden die menschlichen Tugenden in moralische und intellektuelle Tugenden unterteilt. Die moralischen Tugenden vervollkommnen die appetitiven Kräfte. Die intellektuellen Tugenden vervollkommnen den Verstand.

38-Wie werden die intellektuellen Tugenden klassifiziert?
Es gibt fünf Arten von intellektuellen Tugenden. Drei beziehen sich auf den spekulativen Verstand: Wissenschaft, Intelligenz und Weisheit. Zwei beziehen sich auf den praktischen Verstand: Klugheit und Kunst. Die Weisheit wird daher als eine Tugend des spekulativen Verstandes betrachtet.

39-Was für eine Wissenschaft ist die Metaphysik für die aristotelische Tradition?
Für die aristotelische Tradition ist die Metaphysik eine rein spekulative oder kontemplative Wissenschaft. Sie hat zum Ziel, die tiefste Wahrheit der Dinge zu erkennen: Warum sie das sind, was sie sind, und noch mehr, warum sie sind. Was ist Sein?

40-Was sind die eigentlichen Handlungen der Weisheit?
Es sind zwei: zu urteilen und zu ordnen.

41-Worin besteht das Urteilen?
Es ist ein Urteil abgeben. Das Urteil der Weisheit erfolgt durch den Verstand im Licht der metaphysischen Ersten Prinzipien: Es ist ein Werturteil oder endgültiges und absolutes Ordnungsprinzip.

42-Worin besteht das Ordnen?
Das Ordnen besteht darin, jegliches Wissen in Bezug auf ein Ziel zu lenken, das kein anderes sein kann als das höchste Ziel: Gott. Letztendlich bezieht sich die Weisheit auf alles in Bezug auf Gott.

43-Worin besteht die Exzellenz der Weisheit?
Die Weisheit ist die hervorragendste, würdigste und edelste aller Wissenschaften, denn das Studium der Ersten Prinzipien der Seienden führt uns zu Gott, dem höchsten Grund, dem Ziel des höchsten Wissens, dem letzten Ziel, auf das alle Seienden hinzielen.

44-Warum kann man sagen, dass eine bestimmte Wissenschaft göttlich ist?

Sankt Thomas lehrt, dass aus zwei Gründen gesagt werden kann, dass eine Wissenschaft göttlich ist. Der erste Grund: Die Wissenschaft, die Gott besitzt, wird als göttliche Wissenschaft bezeichnet. Der zweite Grund: Eine Wissenschaft wird als göttlich bezeichnet, weil sie sich mit den Dingen Gottes befasst.

45-Ist die Weisheit eine göttliche Wissenschaft?
Die Metaphysik als Weisheit ist eine göttliche Wissenschaft. Sie erfüllt die beiden von Sankt Thomas dargelegten Gründe.

46-Warum erfüllt sie den ersten Grund?
Weil sie sich mit den Ersten Ursachen und Prinzipien befasst, besitzt nur Gott selbst diese Wissenschaft oder falls er sie nicht allein besitzt (Menschen haben teil an seinem Wissen, entsprechend ihrer Fähigkeiten, auch wenn sie keinen wahren Besitz davon haben), besitzt er sie in höchstem Maße. Wie auch immer, nur Gott besitzt von dieser Wissenschaft ein vollkommenes Verständnis.

47-Warum erfüllt sie den zweiten Grund?
Weil sie, wenn sie sich mit den ersten Ursachen und Prinzipien beschäftigt, Gott zum Gegenstand ihrer Untersuchung macht. Tatsächlich wird Gott als Ursache und Prinzip der Dinge betrachtet. Das heißt, die Metaphysik behandelt Gott und göttliche Dinge.

48-Wie viele Arten von Immaterialität unterschied Aristoteles in den zu erkennenden Objekten?
Aristoteles unterschied drei Arten von Immaterialität in den zu erkennenden Objekten.

49-Was sind diese drei Arten?
Diese drei Arten entsprechen den naturwissenschaftlichen, mathematischen und metaphysischen Wissenschaften.

50-Was bedeutet abstrahieren?

Abstrahieren bedeutet, das Verbundene zu unterscheiden. Derjenige abstrahiert richtig, der das Verbundene isoliert. Dies geschieht in den Naturwissenschaften und in der Mathematik. In der Metaphysik wird unsachgemäß abstrahiert. Daher ist es angemessen, von *separatio* zu sprechen, von Trennung. Das liegt daran, dass der Metaphysiker mit trennbaren Begriffen arbeitet, Begriffen, die nicht gemäß dem Sein verbunden sind.

51-Wie wird im ersten Modus abstrahiert?

Im ersten Modus abstrahiert das Verständnis die Materie, die das Prinzip der Individualität *(materia separata)* ist, und behält die Materie in Bezug auf die sinnlichen Eigenschaften *(materia sensibilis)* bei. Indem sie erhalten bleiben, wird der Aspekt der Beweglichkeit der Dinge aufrechterhalten. Auf diese Weise wird von der individuellen Materie abgesehen und das bewegliche Seiende studiert.

52-Wie wird im zweiten Modus abstrahiert?

Im zweiten Modus abstrahiert das Verständnis *Materia sensibilis*, behält jedoch das materielle Fundament der Menge bei, das als *Materia intelligibilis* bezeichnet wird. Auf diese Weise wird von der sinnlichen Materie abgesehen und das *quantum* Seiende, die Menge, studiert.

53-Wie wird im dritten Modus abstrahiert?

Im dritten Modus wird jegliche Materie und jegliche Bewegung abstrahiert. Man befindet sich in den spirituellen Realitäten (Gott und die Engel) und den ersten Begriffen (Sein, Transzendentalien usw.), die die Metaphysik umfassen. Dies ist die Art der Abstraktion, die der Metaphysik eigen ist.

54-Wie nannte Sankt Thomas die Abstraktionsmethode im dritten Modus?

Er nannte sie *separatio*, was "Trennung" bedeutet.

55-Was studiert die zweite Dimension der Metaphysik?

Während andere Wissenschaften die Seienden unter verschiedenen Aspekten studieren, untersucht die Metaphysik in ihrer zweiten Dimension das Sein der Seienden als Sein. Oder wir können auch sagen: Ihr formales Studienobjekt ist das Seiende als Seiendes.

56-Was ist das Studienobjekt der Metaphysik in ihrer dritten Dimension?

Sie untersucht rational das, was durch die Methode der Abstraktion im dritten Modus von der Materie getrennt ist: Gott und die Engel. Dabei wird keine Offenbarung berücksichtigt.

57-Was sind die Ersten Prinzipien?

Ontologisch gesehen sind sie die grundlegenden Gesetze des Seins. Logisch gesehen sind sie die grundlegenden Gesetze des Denkens. Für den Thomismus leitet sich ihre logische Kraft aus ihrer ontologischen Realität ab.

58-Welche Eigenschaften haben die Ersten Prinzipien?

Die Ersten Prinzipien sind: erstens (weil sie keiner vorhergehenden Vorstellung reduziert werden können), evident (weil sie keiner Demonstration bedürfen), unmittelbar (sie werden vom Verstand erfasst, ohne vorheriges Lernen erforderlich zu machen), notwendig (ihr Fehlen verhindert die Erreichung von Gewissheit im Wissen und macht wissenschaftliches Wissen unmöglich).

59-Wie nennt Aristoteles sie?

Er nennt sie Axiome.

60-Sind sie angeboren?

Nein, sie sind nicht angeboren. Aber sie sind unserer Intelligenz natürlich, da sie sich natürlich aus ihrer Ausübung ergeben. Alles, was wir kennen, erfahren wir durch die Sinne. Für Sankt Thomas, wie auch für Aristoteles, führt die sinnliche Erfahrung zur Erkenntnis.

61-Wie viele und welche sind die Ersten Prinzipien?

Weder die Alten noch die Modernen sind sich einig über die genaue Bestimmung der Ersten Prinzipien und wie viele es sind. Es ist zu beachten, dass nicht jedes Prinzip Teil der Ersten Prinzipien ist.

62-Wie viele und welche Prinzipien erkennen die thomistischen Autoren als Erste Prinzipien an?

Im Allgemeinen sind sie sich einig, dass es drei Erste Prinzipien gibt. Sie sind: das Prinzip des Widerspruchs, das Prinzip der Identität und das Prinzip des ausgeschlossenen Dritten. Das Prinzip des Grundes des Seins wird in der thomistischen Reflexion vorausgesetzt.

63-Gibt es eine Ordnung unter den Ersten Prinzipien?

Ja, es gibt eine Ordnung. Eine Hierarchie, in der alle den Ersten untergeordnet sind.

64-Welche Merkmale hat das Erste in der Hierarchie?

Es hat drei Merkmale: 1- Niemand kann darüber lügen oder sich irren. Es ist am besten bekannt. 2- Es ist bedingungslos. Es wird nicht durch Konvention angenommen. Es wird nicht angenommen. Es hat keine Annahmen. Es wird erworben, bevor jedes andere Wissen erlangt wird. 3- Es ergibt sich natürlich dem Verstand. Es wird weder durch Beweis noch auf andere Weise erworben. Es ist das sicherste von allen.

65-Was ist das Erste Prinzip in der Hierarchie?

Es ist das Prinzip des Widerspruchs, das von Sankt Thomas als "festeste" bezeichnet wird. Und dem die anderen Ersten Prinzipien untergeordnet sind.

66-Hat es einen anderen Namen?

Ja, einige Autoren nennen es das Prinzip des Nicht-Widerspruchs. Aber sowohl Aristoteles als auch Sankt Thomas nennen es das Prinzip des Widerspruchs.

67-Wie formuliert Sankt Thomas das Prinzip des Widerspruchs aus metaphysischer Sicht?

Es ist unmöglich, zur gleichen Zeit unter dem gleichen Aspekt dasselbe Ding zu behaupten und zu verneinen.

68-Wie kann es aus logischer Sicht formuliert werden?

Zwei einander widersprechende Urteile können nicht beide wahr sein, sondern das eine oder das andere muss falsch sein. Daher drückt dieses Prinzip keinen Widerspruch zwischen zwei Aussagen aus, sondern zwischen zwei Ideen - Sein und Nichtsein - in einer einzigen Aussage.

69-Welche Formulierungen des Prinzips des Widerspruchs macht Jan Łukasiewicz?

Laut Jan Łukasiewicz hat das Prinzip des Widerspruchs bei Aristoteles drei grundlegende Formulierungen: ontologisch, logisch und psychologisch.

70-Wie lautet die ontologische Formel?

Es ist unmöglich, dass dieselbe Sache zur gleichen Zeit und im gleichen Sinne sowohl ist als auch nicht ist. (*Metaphysik*, Buch IV, Kapitel 3, 1005b19-20).

71-Wie lautet die logische Formel?

Die stärkste Meinung von allen ist, dass gegensätzliche Aussagen nicht gleichzeitig wahr sind. (*Metaphysik*, Buch IV, Kapitel 6, 1011b13-14).

72-Wie lautet die psychologische Formel?

Es ist tatsächlich unmöglich, dass ein Individuum, wer auch immer es sein mag, glaubt, dass dasselbe zur gleichen Zeit sowohl ist als auch nicht ist. (*Metaphysik*, Buch IV, Kapitel 3, 1005b23-4).

73-Wie wird das Prinzip des Widerspruchs bewiesen?

Es wird nicht bewiesen. Es ist unbeweisbar. In seiner *Metaphysik* widerlegte Aristoteles *ad hominem* die Leugner des Prinzips des Widerspruchs.

74-Welche Dimensionen hat die Vorrangstellung des Prinzips des Widerspruchs?
Es hat vier Dimensionen: ontologisch, psychologisch, logisch und kriteriologisch.

75-Worin besteht der ontologische Vorrang?
Das erste, was das Verständnis in der Realität erfasst, ist, dass das Sein nicht das Nichtsein ist. Dass das Seiende nicht das Nichtseiende ist. Erst danach formuliert es das Prinzip des Widerspruchs vor jedem anderen Prinzip.

76-Worin besteht der psychologische Vorrang?
Die menschliche Erkenntnis erkennt zunächst, dass das Seiende nicht das Nichtseiende ist. Dann formuliert sie natürlich das Prinzip des Widerspruchs und ist schließlich in der Lage zu sagen: Dieses Seiende ist sich selbst gleich (Prinzip der Identität).

77-Worin besteht der logische Vorrang?
Er ergibt sich aus seinem ontologischen Vorrang. Das Verständnis erfasst, dass in der Realität das Sein nicht das Nichtsein ist, das Seiende nicht das Nichtseiende ist. Folglich formuliert es logisch das erste Urteil vor jedem anderen: das Prinzip des Widerspruchs.

78-Worin besteht der kriteriologische Vorrang?
Es besteht darin, dass es aufgrund seines ontologischen, psychologischen und logischen Vorrangs natürlich das Kriterium der philosophischen Unterscheidung lenkt. Es dient auch als "festester" (Sankt Thomas *dixit*) Grundlage für jede Reflexion und jede Untersuchung in jeder anderen speziellen Wissenschaft.

79-Wie lautet das Prinzip der Identität?
Jedes Seiende muss absolut mit sich selbst übereinstimmen. Weder Aristoteles noch Sankt Thomas erwähnen es in der Liste der metaphysischen Ersten Prinzipien. Keiner von ihnen erwähnt dieses Prinzip ausdrücklich.

80-Welche anderen Formulierungen können gegeben werden?

Um die Tautologie zu vermeiden, kann es auch folgendermaßen formuliert werden: *Alles Seiende ist eins* - Oder: *Alles Seiende ist wahr* - Oder: *Alles Seiende ist gut* - Oder: *Alles Seiende ist eins, wahr und gut.*

81-Wie lautet das Prinzip des ausgeschlossenen Dritten?

Zwischen der Behauptung und der Verneinung des Seins gibt es keinen Mittelweg: Das Sein ist oder ist nicht, zur gleichen Zeit und unter dem gleichen Aspekt.

82-Hat Aristoteles das Prinzip des ausgeschlossenen Dritten bewiesen?

Nein, da es an sich nicht beweisbar ist. Aristoteles liefert in seiner Metaphysik sieben Argumente zur Gültigkeit dieses Prinzips. Es sind Widerlegungen der Gegner des Prinzips. Er verdeutlicht die Absurdität eines Mittelwegs zwischen dem Sein und dem Nichtsein, zwischen dem Wahren und dem Falschen.

83-Wie lautet das Prinzip des Grundes des Seins?

Alles Seiende hat seinen Grund des Seins, oder auch: *Jedes Seiende hat einen ausreichenden Grund*; daher kann man auch sagen: *Alles ist intelligibel.*

84-Welche Dimensionen hat das Prinzip des Grundes des Seins?

Es hat zwei Dimensionen: intrinsisch und extrinsisch.

85-Was ist der intrinsische Grund des Seins?

Der intrinsische Grund des Seins einer Sache ist das, wodurch diese Sache eine bestimmte Natur und bestimmte Eigenschaften hat und nicht anders. Zum Beispiel muss ein Quadrat in sich selbst das haben, wodurch es quadratisch ist und bestimmte Eigenschaften hat, anstatt kreisförmig mit anderen Eigenschaften.

86-Was ist der extrinsische Grund des Seins?

Der extrinsische Grund des Seins einer Sache ist das, wodurch diese Sache ihren Grund des Seins nicht in sich selbst, sondern in einem anderen Seienden hat.

87-Wie wird der extrinsische Grund des Seins klassifiziert?

Es gibt drei Fälle. 1-Im ersten Fall haben die Eigenschaften des Seienden ihren Grund des Seins in der Natur, aus der sie abgeleitet werden, in der spezifischen Unterscheidung, aus der sie abgeleitet werden können und die sie verständlich macht. So haben die Eigenschaften eines Quadrats ihren Grund des Seins in der Natur des Quadrats. 2-Im zweiten Fall hat ein nicht notwendigerweise für sich selbst seiendes Seiendes seinen Grund des Seins in einem für sich selbst seienden Seienden. Dieser extrinsische Grund des Seins der Existenz eines kontingenten Seienden wird seine effiziente Ursache genannt. 3-Im dritten Fall hat ein Seiendes, das nicht um seiner selbst willen gewollt ist, sondern aufgrund eines Ziels, seinen extrinsischen Grund des Seins in diesem Ziel. Dieser extrinsische Grund des Seins wird seine Endursache genannt.

ENDNOTEN

[1]FERRATER MORA, JOSE. *Diccionario de Filosofía*. Konsultierte Artikel: "Tomas de Aquino (Santo)". Editorial Sudamericana. Buenos Aires. Quinta Edición. Seite 806.

[2]GILSON, ÉTIENNE. *El Tomismo. Introducción a la filosofía de Santo Tomás de Aquino*. Ediciones Desclée de Brouwer. Buenos Aires. 1951. Seite 518. Der lateinische Text lautet: *Im Gott gibt es keine andere Essenz oder Quiddität als sein Sein.*

[3]GARRIGOU-, REGINALD. *La Síntesis Tomista*, Ediciones Desclée, de Brouwer. Buenos Aires. 1947. Seite 15.

[4]GARRIGOU-LAGRANGE, REGINALD. *El sentido común. La filosofía del ser y las fórmulas dogmáticas*. Ediciones Desclée, de Brouwer. Buenos Aires. 1947. Seite 233.

[5]FERRATER MORA, JOSE. *Diccionario de Filosofía*. Konsultierte Artikel: "Realismo". Editorial Sudamericana. Buenos Aires. Quinta Edición. Seite 539.

[6]GARRIGOU-LAGRANGE, REGINALD. *La Síntesis Tomista*, Ediciones Desclée, de Brouwer. Buenos Aires. 1947. Seite 48.

[7]GARRIGOU-LAGRANGE, REGINALD. *La Síntesis Tomista*, Ediciones Desclée, de Brouwer. Buenos Aires. 1947. Seite 458.

[8]GARRIGOU-LAGRANGE, REGINALD. *El sentido común. La filosofía del ser y las fórmulas dogmáticas*. Ediciones Desclée, de Brouwer. Buenos Aires. 1947. Seite 92.

[9]GARRIGOU-LAGRANGE, REGINALD. *El sentido común. La filosofía del ser y las fórmulas dogmáticas*. Ediciones Desclée, de Brouwer. Buenos Aires. 1947. Seite 127

[10]GARRIGOU-LAGRANGE, REGINALD. *El sentido común. La filosofía del ser y las fórmulas dogmáticas*. Ediciones Desclée, de Brouwer. Buenos Aires. 1947. Seite 128.

[11]SAGRADA BIBLIA. Versión directa de los textos primitivos por Monseñor Juan Straubinger. Edición BARSA. Chicago, Illinois. 1969. Der vollständige Text des Verses 14 im Buch *Exodus* lautet: *Und Gott antwortete Mose: 'ICH BIN, DER ICH BIN.' Und er sagte weiter: 'So sollst du zu den Kindern Israels sagen: 'ICH BIN' hat mich zu euch gesandt.*

[12]MARÍAS, JULIÁN. *Idea de la Metafísica*. Colección Esquemas. Editorial Columba. Buenos Aires. 1954. Seiten 18 und 19.

[13]GARRIGOU-LAGRANGE, REGINALD. *La Síntesis Tomista*, Ediciones Desclée, de Brouwer. Buenos Aires. 1947. Seite 48.

[14]GARRIGOU-LAGRANGE, REGINALD. *La Síntesis Tomista*, Ediciones

Desclée, de Brouwer. Buenos Aires. 1947. Seite 51

[15]GILSON, ÉTIENNE. *El Tomismo. Introducción a la filosofía de Santo Tomás de Aquino.* Ediciones Desclée de Brouwer. Buenos Aires. 1951. Seite 508.

[16]GILSON, ÉTIENNE. *El Tomismo. Introducción a la filosofía de Santo Tomás de Aquino.* Ediciones Desclée de Brouwer. Buenos Aires. 1951. Seite 509.

[17]GILSON, ÉTIENNE. *El Tomismo. Introducción a la filosofía de Santo Tomás de Aquino.* Ediciones Desclée de Brouwer. Buenos Aires. 1951. Seite 516.

[18]GILSON, ÉTIENNE. *El Tomismo. Introducción a la filosofía de Santo Tomás de Aquino.* Ediciones Desclée de Brouwer. Buenos Aires. 1951. Seite 513.

[19]GILSON, ÉTIENNE. *El Tomismo. Introducción a la filosofía de Santo Tomás de Aquino.* Ediciones Desclée de Brouwer. Buenos Aires. 1951. Seite 513.

[20]GILSON, ÉTIENNE. *El Tomismo. Introducción a la filosofía de Santo Tomás de Aquino.* Ediciones Desclée de Brouwer. Buenos Aires. 1951. Seite 514.

[21]JOLIVET, RÉGIS. *Trattato di filosofia. IV Metafisica.* Titolo originale dell'opera: Traité de philosophie. III. Métaphysique. Emmanuel Vitte, Editeur -Lyon–Paris Traduzione italiana di Lorenzo Contratti (1959). Edizione elettronica a cura di Totus Tuus Network -2011. Einführung. Art. I, 1.

[22]Siehe Cf. PONFERRADA, GUSTAVO ELOY. *Introducción al Tomismo.* Club de Lectores. Buenos Aires. 1985. Seite 167.

[23]GARRIGOU-LAGRANGE, REGINALD. *La Síntesis Tomista,* Ediciones Desclée, de Brouwer. Buenos Aires. 1947. Seite 15.

[24]GARDEIL, H. D. *Iniciación a la Filosofía de Santo Tomas de Aquino. 4-Metafísica.* Editorial Tradición. México. 1974. Seite 26.

[25]Diese Definition bezieht sich auf das Verständnis, das Aristoteles von Wissenschaft hatte. In diesem Sinne wiederholte er: *Wissenschaft ist das Wissen durch die Ursachen.*

[26]Wir haben dieses Proem im Anhang transkribiert.

[27]PONFERRADA, GUSTAVO ELOY. *Introducción al Tomismo.* Club de Lectores. Buenos Aires. 1985. Seiten 168 und 169.

[28]GOMEZ PEREZ, RAFAEL. *Introducción a la Metafísica.* Cuarta edición. Ediciones Rialp SA. Madrid. 1990. Seite 218.

[29]Siehe BERROCAL SARNELLI, ÁLVARO. *Tomás de Aquino: Comentario a Metafísica VI y IX. Texto bilingüe, estudio preliminar y*

notas. Universidad de Murcia. Escuela Internacional de Doctorado. Murcia. 2018. Seiten 41 und 51.

[30]GARDEIL, H. D. *Iniciación a la Filosofía de Santo Tomas de Aquino. 4- Metafísica.* Editorial Tradición. México. 1974. Seite 12.

[31]SERTILLANGES, A.D. *Santo Tomás de Aquino. Tomo I.* Ediciones Desclee de Brouwer. Buenos Aires. 1946. Seite 33.

[32]PONFERRADA, GUSTAVO ELOY. *Introducción al Tomismo.* Club de Lectores. Buenos Aires. 1985. Seite 169.

[33]MARÍAS, JULIÁN. *Idea de la Metafísica.* Colección Esquemas. Editorial Columba. Buenos Aires. 1954. Seite 12.

[34]GARDEIL, H. D. *Iniciación a la Filosofía de Santo Tomas de Aquino. 4- Metafísica.* Editorial Tradición. México. 1974. Seite 13.

[35]GARDEIL, H. D. *Iniciación a la Filosofía de Santo Tomas de Aquino. 4- Metafísica.* Editorial Tradición. México. 1974. Página 13.

[36]MARÍAS, JULIÁN. *Idea de la Metafísica.* Colección Esquemas. Editorial Columba. Buenos Aires. 1954. Seite 19.

[37]GARDEIL, H. D. *Iniciación a la Filosofía de Santo Tomas de Aquino. 4- Metafísica.* Editorial Tradición. México. 1974. Seite 16.

[38]GOMEZ PEREZ, RAFAEL. *Introducción a la Metafísica.* Cuarta edición. Ediciones Rialp SA. Madrid. 1990. Seiten 23-24.

[39]AQUINAS, THOMAS. *Commentary on the Metaphysics.* Translated by John P. Rowan. Chicago. 1961. html-edited by Joseph Kenny, O.P. Buch I, Lektion 3, Nr. 65. https://isidore.co/aquinas/english/Metaphysics.htm

[40]HIRSCHBERGER, J. *Breve historia de la filosofía.* Editorial Herder. Barcelona. 1977. Seiten 22 und 23.

[41]COLLIN, ENRIQUE. *Manual de Filosofía tomista.* Tomo I. LUIS CILI, Editor. Barcelona. 1950. Seite 363.

[42]GARDEIL, H. D. *Iniciación a la Filosofía de Santo Tomas de Aquino. 4- Metafísica.* Editorial Tradición. México. 1974. Seite 248.

[43]GOMEZ PEREZ, RAFAEL. *Introducción a la Metafísica.* Cuarta edición. Ediciones Rialp SA. Madrid. 1990. Seiten 210 und 211.

[44]PONFERRADA, GUSTAVO ELOY. *Introducción al Tomismo.* Club de Lectores. Buenos Aires. 1985. Seite 169.

[45]Siehe FERRATER MORA, JOSE. *Diccionario de Filosofía.* Konsultierte Artikel: "Abstracción". Ariel Referencia. Planeta Libros. Séptima Edición. Madrid. 1994. Seite 36.

[46]Siehe FERRATER MORA, JOSE. *Diccionario de Filosofía.* Konsultierte Artikel: "Abstracción". Ariel Referencia. Planeta Libros. Séptima Edición. Madrid. 1994. Seite 36.

[47]Siehe FERRATER MORA, JOSE. *Diccionario de Filosofía.* Konsultierte

Artikel: "Abstracción". Ariel Referencia. Planeta Libros. Séptima Edición. Madrid. 1994. Seite 36.

[48]GARDEIL, H. D. *Iniciación a la Filosofía de Santo Tomas de Aquino. 4- Metafísica.* Editorial Tradición. México. 1974. Seite 20.

[49]PONFERRADA, GUSTAVO ELOY. *Introducción al Tomismo.* Club de Lectores. Buenos Aires. 1985. Seite 169.

[50]JOLIVET, RÉGIS. *Trattato di filosofía. IV Metafisica.* Titolo originale dell'opera: Traité de philosophie. III. Métaphysique. Emmanuel Vitte, Editeur -Lyon–Paris Traduzione italiana di Lorenzo Contratti (1959). Edizione elettronica a cura di Totus Tuus Network -2011. Kapitel zwei, Art. III, Nr. 204.

[51]AQUINAS, THOMAS. *Commentary on the Metaphysics.*Translated by John P. Rowan. Chicago. 1961. html-edited by Joseph Kenny, O.P. Buch IV, Lektion 1, Nr. 294-295. https://isidore.co/aquinas/english/Metaphysics.htm.

[52]GOMEZ PEREZ, RAFAEL. *Introducción a la Metafísica.* Cuarta edición. Ediciones Rialp SA. Madrid. 1990. Seiten 19 und 20.

[53]PONFERRADA, GUSTAVO ELOY. *Introducción al Tomismo.* Club de Lectores. Buenos Aires. 1985. Seite 167.

[54]SERTILLANGES, A.D. *Santo Tomás de Aquino. Tomo I.* Ediciones Desclee de Brouwer. Buenos Aires. 1946. Seite 33.

[55]SERTILLANGES A.D. *Santo Tomás de Aquino. Tomo I.* Ediciones Desclee de Brouwer. Buenos Aires. 1946. Seiten 33 und 34.

[56]AQUINAS, THOMAS. *Commentary on the Metaphysics.*Translated by John P. Rowan. Chicago. 1961. html-edited by Joseph Kenny, O.P. Buch IV, Lektion 1, Nummern 529, 530 und 531. https://isidore.co/aquinas/english/Metaphysics.htm

[57]AQUINAS, THOMAS. *Commentary on the Metaphysics.*Translated by John P. Rowan. Chicago. 1961. html-edited by Joseph Kenny, O.P. Buch IV, Lektion 1, Nr. 532. https://isidore.co/aquinas/english/Metaphysics.htm

[58]GOMEZ PEREZ, RAFAEL. *Introducción a la Metafísica.* Cuarta edición. Ediciones Rialp SA. Madrid. 1990. Seiten 20 und 21.

[59]Prinzip ist das, woraus etwas auf irgendeine Weise hervorgeht. In streng metaphysischem Sinne ist Prinzip das, woraus etwas in seinem Sein hervorgeht. In seinem oben genannten Werk definiert Gardeil es als "dasjenige, woraus etwas produziert oder erkannt wird". Aristoteles wird sagen, dass im Allgemeinen ein Prinzip das ist, woraus etwas hervorgeht. Die Ersten Prinzipien können sowohl aus logischer als auch aus metaphysischer Sicht betrachtet werden, in denen sie eng miteinander verbunden sind. Metaphysisch betrachtet sind sie die universellen Gesetze

des Seins. Als solche formulieren sie die ontologischen Anforderungen des Seienden in Form eines logischen Urteils.

[60]SERTILLANGES, A.D. *Santo Tomás de Aquino. Tomo I.* Ediciones Desclee de Brouwer. Buenos Aires. 1946. Seite 33.

[61]AQUINO, TOMÁS DE. *Suma contra los Gentiles.* Edición Biblioteca de Autores Cristianos. TOMAS DE AQUINO. ORG. En https://tomasdeaquino.org/#4

[62]GARDEIL, H. D. *Iniciación a la Filosofía de Santo Tomas de Aquino. 4- Metafísica.* Editorial Tradición. México. 1974. Seite 70.

[63]SERTILLANGES A.D. *Santo Tomás de Aquino. Tomo I.* Ediciones Desclee de Brouwe,r. Buenos Aires. 1946. Seite 34.

[64]In den *Analytica Posteriora* 72a 16-17 definiert er: *Was derjenige haben muss, der etwas lernen will, ist ein Axiom.* Ein Axiom ist daher eine Aussage, die dem Geist unmittelbar auferlegt wird (offensichtlich) und unverzichtbar (notwendig) ist. Im Gegensatz zur These, die nicht bewiesen werden kann und nicht unverzichtbar ist. Axiome bilden das Fundament jeder Wissenschaft.

[65]ARISTOTLE. *Metaphysics.* Book 4. [1003a] [21]. Perseus Digital Library. Gregory R. Cane. Editor-in-chief. Tufts University. http://www.perseus.tufts.edu/hopper/text?doc=Perseus:abo:tlg,0086,025:4

[66]GARDEIL, H. D. *Iniciación a la Filosofía de Santo Tomas de Aquino. 4- Metafísica.* Editorial Tradición. México. 1974. Seite 71.

[67]COLLIN, ENRIQUE. *Manual de Filosofía tomista.* Tomo I. LUIS CILI, Editor. Barcelona. 1950. Seite 186.

[68]GARRIGOU-LAGRANGE, REGINALD. *La Síntesis Tomista,* Ediciones Desclée, de Brouwer. Buenos Aires. 1947. Seite 51.

[69]MANSER, GALLUS. *La esencia del Tomismo.* Madrid. 1947. Seite 150.

[70]GARRIGOU-LAGRANGE, REGINALD. *La Síntesis Tomista,* Ediciones Desclée, de Brouwer. Buenos Aires. 1947. Seite 477.

[71]Siehe. GARDEIL, H. D. *Iniciación a la Filosofía de Santo Tomas de Aquino. 4- Metafísica.* Editorial Tradición. México. 1974. Seite 77.

[72]GARRIGOU-LAGRANGE REGINALD. *La Síntesis Tomista,* Ediciones Desclée, de Brouwer. Buenos Aires. 1947. Seiten 48 und 49.

[73]AQUINO, TOMÁS DE. *Suma contra los Gentiles.* Edición Biblioteca de Autores Cristianos. TOMAS DE AQUINO. ORG. En https://tomasdeaquino.org/#4.

[74]Siehe MANSER, GALLUS. *La esencia del Tomismo.* Madrid. 1947. Seiten 149 und 150.

[75]AQUINO, TOMÁS DE. *Suma contra los Gentiles.* Edición Biblioteca de Autores Cristianos. TOMAS DE AQUINO. ORG. En

https://tomasdeaquino.org/#4.

[76]AQUINAS, THOMAS. *Commentary on the Metaphysics.*Translated by John P. Rowan. Chicago. 1961. html-edited by Joseph Kenny, O.P. Buch IV, Lektion 6, Nr. 599. https://isidore.co/aquinas/english/Metaphysics.htm

[77]ARISTOTELES. *Metafísica.* Introducción, traducción y notas de Tomás Calvo Martínez. Editorial Gredos. Universidad de Navarra. Madrid. 1994. Buch IV, Kapitel 3. Seiten 172 und 173.

[78]GARDEIL, H. D. *Iniciación a la Filosofía de Santo Tomas de Aquino. 4-Metafísica.* Editorial Tradición. México. 1974. Seiten 71 und 72.

[79]Siehe GRENIER, HENRI. *Thomistic Philosophy.* Translated from the Latin of the original *Cursus Philosophiae* (Editio tertia) by Rev. J. P. E. O'Hanley, Ph.D. St. Dunstan's University. Charlottetown, Canadá. 1950. Nr, 565 y Nr. 566. Seite 323.

[80]MANSER, GALLUS. *La esencia del Tomismo.* Madrid. 1947. Seite 257.

[81]Siehe GRENIER, HENRI. *Thomistic Philosophy.* Translated from the Latin of the original *Cursus Philosophiae* (Editio tertia) by Rev. J. P. E. O'Hanley, Ph.D. St. Dunstan's University. Charlottetown, Canadá. 1950. Nr. 565. Seite 322.

[82]Siehe GRENIER, HENRI. *Thomistic Philosophy.* Translated from the Latin of the original *Cursus Philosophiae* (Editio tertia) by Rev. J. P. E. O'Hanley, Ph.D. St. Dunstan's University. Charlottetown, Canadá. 1950. Nr. 567. Seiten 323 und 324.

[83]GARRIGOU-LAGRANGE, REGINALD. *La Síntesis Tomista,* Ediciones Desclée, de Brouwer. Buenos Aires. 1947. Seite 450.

[84]Siehe MANSER, GALLUS. *La esencia del Tomismo.* Madrid. 1947. Seite 252.

[85]Siehe GOMEZ PEREZ RAFAEL. *Introducción a la Metafísica.* Cuarta edición. Ediciones Rialp SA. Madrid. 1990. Seite 34.

[86]GARRIGOU-LAGRANGE, REGINALD. *La Síntesis Tomista,* Ediciones Desclée, de Brouwer. Buenos Aires. 1947. Seite 49.

[87]Siehe LUKASIEWICZ JAN. *Aristotle on the Law of Contradiction.* Articles on Aristotle. Volumen 3. Metaphysics. Editorial Barnes, Malcolm Schofield and Richard Sorabji. New York. St. Martin's Press. 1979. Seiten 50-62.

[88]Man sagt "gleichen Zeit", weil es zum Beispiel keine Widersprüche gibt, wenn ein Schaf zu einer Jahreszeit Wolle hat und zu einer anderen Jahreszeit keine, weil es geschoren wurde; oder wenn eine Pflanze im Frühling Blätter hat und im Herbst keine. Man sagt "im gleichen Sinne", denn es ist nicht widersprüchlich, dass eine Person in einigen Bereichen Expertise hat und in anderen Bereichen unwissend ist.

[89]GARDEIL, H. D. *Iniciación a la Filosofía de Santo Tomas de Aquino. 4-Metafísica.* Editorial Tradición. México. 1974. Seite 72.

[90]MANSER, GALLUS. *La esencia del Tomismo.* Madrid. 1947. Seite 252.

[91]Siehe GOMEZ PEREZ RAFAEL. *Introducción a la Metafísica.* Cuarta edición. Ediciones Rialp SA. Madrid. 1990. Seite 234.

[92]MANSER, GALLUS. *La esencia del Tomismo.* Madrid. 1947. Seite 253.

[93]ARISTÓTELES. *Metafísica.* Introducción, traducción y notas de Tomás Calvo Martínez. Editorial Gredos. Universidad de Navarra. Madrid. 1994. Buch IV, Kapitel 4. Seiten 174-175.

[94]AQUINAS, THOMAS. *Commentary on the Metaphysics.* Translated by John P. Rowan. Chicago. 1961. html-edited by Joseph Kenny, O.P. Buch IV, Lektion 6, Kapitel 4, Nr. 607. https://isidore.co/aquinas/english/Metaphysics.htm

[95]ARISTOTELES. *Metafísica.* Introducción, traducción y notas de Tomás Calvo Martínez. Editorial Gredos. Universidad de Navarra. Madrid. 1994. Buch XI, Kapitel 5. Seite 437.

[96]Die *petitio principii* ist eine Fehlschlussart, die auftritt, wenn die Aussage, die ich beweisen möchte, implizit oder explizit in den Prämissen enthalten ist. Es handelt sich um ein zirkuläres Argument: A ist wahr, weil A wahr ist. Das Argument wird durch sich selbst bewiesen. Es wird nicht nachgewiesen. Es kann wahr (oder falsch) sein. Das Problem besteht darin, dass es versucht, sich selbst zu beweisen. Zum Beispiel: *Du kannst mir vertrauen, weil ich eine vertrauenswürdige Person bin.* Es wird häufig in der Werbung und in der Politik verwendet, ohne bemerkt zu werden.

[97]ARISTOTELES. *Metafísica.* Introducción, traducción y notas de Tomás Calvo Martínez. Editorial Gredos. Universidad de Navarra. Madrid. 1994. Buch IV, Kapitel 4. Seite 175.

[98]ARISTOTELES. *Metafísica.* Introducción, traducción y notas de Tomás Calvo Martínez. Editorial Gredos. Universidad de Navarra. Madrid. 1994. Buch IV, Kapitel 4. Seiten 177 und 178.

[99]ARISTOTELES. *Metafísica.* Introducción, traducción y notas de Tomás Calvo Martínez. Editorial Gredos. Universidad de Navarra. Madrid. 1994. Buch XI, Kapitel 5. Seiten 439.

[100]GARDEIL, H. D. *Iniciación a la Filosofía de Santo Tomas de Aquino. 4- Metafísica.* Editorial Tradición. México. 1974. Seite 73.

[101]MANSER, GALLUS. *La esencia del Tomismo.* Madrid. 1947. Seite 261.

[102]Siehe GARRIGOU-LAGRANGE REGINALD. *La Síntesis Tomista,* Ediciones Desclée, de Brouwer. Buenos Aires. 1947. Seite 48.

[103]MANSER, GALLUS. *La esencia del Tomismo.* Madrid. 1947. Seite 251.

[104]GOMEZ PEREZ, RAFAEL. *Introducción a la Metafísica.* Cuarta

edición. Ediciones Rialp SA. Madrid. 1990. Seite 34.

[105]MANSER, GALLUS. *La esencia del Tomismo*. Madrid. 1947. Seite 257.

[106]MANSER, GALLUS. *La esencia del Tomismo*. Madrid. 1947. Seite 257.

[107]GOMEZ PEREZ, RAFAEL. *Introducción a la Metafísica*. Cuarta edición. Ediciones Rialp SA. Madrid. 1990. Seite 33.

[108]MANSER, GALLUS. *La esencia del Tomismo*. Madrid. 1947. Seite 266.

[109]MANSER, GALLUS. *La esencia del Tomismo*. Madrid. 1947. Seite 265.

[110]ARISTÓTELES. *Tratados de Lógica (Organon) II*. Analíticos Primeros. Introducciones, traducciones y notas por Miguel Candel Sanmartín. Editorial Gredos SA. Primera reimpresión. Madrid. 1995. Seite 199.

[111]MANSER, GALLUS. *La esencia del Tomismo*. Madrid. 1947. Seite 255.

[112]JOLIVET, RÉGIS. *Trattato di filosofía. IV Metafísica*. Titolo originale dell'opera: Traité de philosophie. III. Métaphysique. Emmanuel Vitte, Editeur -Lyon–Paris Traduzione italiana di Lorenzo Contratti (1959). Edizione elettronica a cura di Totus Tuus Network. 2011. Kapitel Zwei, Art. 5, 209.

[113]GARDEIL, H. D. *Iniciación a la Filosofía de Santo Tomas de Aquino. 4- Metafísica*. Editorial Tradición. México. 1974. Seiten 74 und 75.

[114]GOMEZ PEREZ, RAFAEL. *Introducción a la Metafísica*. Cuarta edición. Ediciones Rialp SA. Madrid. 1990. Seiten 179 und 180.

[115]SÖCHTING HERRERA, JULIO. *Metafísica*. Ediciones Universidad Católica de Chile. Santiago de Chile. 2014. Zitiertes Werk. Seite 135.

[116]Siehe JOLIVET, RÉGIS. *Trattato di filosofía. IV Metafísica*. Titolo originale dell'opera: Traité de philosophie. III. Métaphysique. Emmanuel Vitte, Editeur -Lyon–Paris Traduzione italiana di Lorenzo Contratti (1959). Edizione elettronica a cura di Totus Tuus Network. 2011. Kapitel Zwei, Art. 5, 208.

[117]Siehe ARISTOTELES. *Metafísica*. Introducción, traducción y notas de Tomás Calvo Martínez. Editorial Gredos. Universidad de Navarra. Madrid. 1994. Buch IV, Kapitel 7. Seiten 198-200.

[118]SÖCHTING HERRERA, JULIO. *Metafísica*. Ediciones Universidad Católica de Chile. Santiago de Chile. 2014. Zitiertes Werk. Seite 137 und 138.

[119]AQUINO, TOMAS DE. *Comentario al Libro IV de la Metafísica de Aristóteles*. Prólogo, edición y traducción de Jorge Morán. Cuadernos de Anuario Filosófico Número 92. Universidad de Navarra. 1999. Seite 72.

[120]MANSER, GALLUS. *La esencia del Tomismo*. Madrid. 1947. Seite 248.

[121]JOLIVET, RÉGIS. *Trattato di filosofía. IV Metafísica*. Titolo originale dell'opera: Traité de philosophie. III. Métaphysique. Emmanuel Vitte, Editeur -Lyon–Paris Traduzione italiana di Lorenzo Contratti (1959).

Edizione elettronica a cura di Totus Tuus Network. 2011. Kapitel Zwei, Art. 5, 210.

[122]GARRIGOU LAGRANGE, REGINALD. *Dios. I Su existencia.* Ediciones Palabra SA. Madrid. 1976. Seite 152.

[123]GARDEIL, H. D. *Iniciación a la Filosofía de Santo Tomas de Aquino. 4- Metafísica.* Editorial Tradición. México. 1974. Seite 92.

[124]GARDEIL, H. D. *Iniciación a la Filosofía de Santo Tomas de Aquino. 4- Metafísica.* Editorial Tradición. México. 1974. Seite 93.

[125]GARRIGOU LAGRANGE, REGINALD. *Dios. I Su existencia.* Ediciones Palabra SA. Madrid. 1976. Seite 153.

[126]GARRIGOU LAGRANGE, REGINALD. *Dios. I Su existencia.* Ediciones Palabra SA. Madrid. 1976. Seite 154.

[127]GARRIGOU LAGRANGE, REGINALD. *Dios. I Su existencia.* Ediciones Palabra SA. Madrid. 1976. Seiten 156 und 157.

[128]Siehe GARRIGOU-LAGRANGE REGINALD. *La Síntesis Tomista,* Ediciones Desclée, de Brouwer. Buenos Aires. 1947. Sieten 49 und 50.

www.ingramcontent.com/pod-product-compliance
Lightning Source LLC
Chambersburg PA
CBHW062327290526
45794CB00005B/1937